情報工学レクチャーシリーズ

コンピュータアーキテクチャ

成瀬 正=著

森北出版株式会社

情報工学レクチャーシリーズ

■ 編集委員

高橋　直久　名古屋工業大学名誉教授
　　　　　　工学博士

松尾　啓志　名古屋工業大学大学院教授
　　　　　　工学博士

和田　幸一　法政大学教授
　　　　　　工学博士

五十音順

●本書のサポート情報を当社Webサイトに掲載する場合があります．下記のURLにアクセスし，サポートの案内をご覧ください．

https://www.morikita.co.jp/support/

●本書の内容に関するご質問は，森北出版 出版部「（書名を明記）」係宛に書面にて，もしくは下記のe-mailアドレスまでお願いします．なお，電話でのご質問には応じかねますので，あらかじめご了承ください．

editor@morikita.co.jp

●本書により得られた情報の使用から生じるいかなる損害についても，当社および本書の著者は責任を負わないものとします．

■本書に記載している製品名，商標および登録商標は，各権利者に帰属します．

■本書を無断で複写複製（電子化を含む）することは，著作権法上での例外を除き，禁じられています．複写される場合は，そのつど事前に（一社）出版者著作権管理機構（電話03-5244-5088，FAX03-5244-5089, e-mail:info@jcopy.or.jp）の許諾を得てください．また本書を代行業者等の第三者に依頼してスキャンやデジタル化することは，たとえ個人や家庭内での利用であっても一切認められておりません．

「情報工学レクチャーシリーズ」の序

　本シリーズは，大学・短期大学・高専の学生や若い技術者を対象として，情報工学の基礎知識の理解と応用力を養うことを目的に企画したものである．情報工学における数理，ソフトウェア，ネットワーク，システムをカバーし，その科目は基本的な項目を中心につぎの内容を含んでいる．

「離散数学，アルゴリズムとデータ構造，形式言語・オートマトン，信号処理，符号理論，コンピュータグラフィックス，プログラミング言語論，オペレーティングシステム，ソフトウェア工学，コンパイラ，論理回路，コンピュータアーキテクチャ，コンピュータアーキテクチャの設計と評価，ネットワーク技術，データベース，AI・知的システム，並列処理，分散処理システム」

各巻の執筆にあたっては，情報工学の専門分野で活躍し，優れた教育経験をもつ先生方にお願いすることができた．

　本シリーズの特長は，情報工学における専門分野の体系をすべて網羅するのではなく，本当の知識として，後々まで役立つような本質的な内容に絞られていることである．加えて丁寧に解説することで内容を十分理解でき，かつ概念をつかめるように編集されている．

　情報工学の分野は進歩が目覚しく，単なる知識はすぐに陳腐化していく．しかし，本シリーズではしっかりとした概念を学ぶことに主眼をおいているので，長く教科書として役立つことであろう．

　内容はいずれも基礎的なものにとどめており，直感的な理解が可能となるように図やイラストを多用している．数学的記述の必要な箇所は必要最小限にとどめ，必要となる部分は式や記号の意味をわかりやすく説明するように工夫がなされている．また，新しい学習指導要領に準拠したレベルに合わせられるように配慮されており，できる限り他書を参考にする必要がない，自己完結型の教科書として構成されている．

　一方，よりレベルの高い方や勉学意欲のある学生のための事項も容易に参照できる構成となっていることも本シリーズの特長である．いずれの巻においても，半期の講義に対応するように章立ても工夫してある．

　以上，本シリーズは，最近の学生の学力低下を考慮し，できる限りやさしい記述を目指しているにもかかわらず，さまざまな工夫を取り込むことによって，情報工学の基礎を取りこぼすことなく，本質的な内容を理解できるように編集できたことを自負している．

高橋直久・松尾啓志・和田幸一

序文

　コンピュータアーキテクチャは，コンピュータシステムの機能，構成，実装に関する一連の規則や方法をまとめたもの，というのが本来の意味である．入門書という本書の性格からは，このうち構成法に焦点を当てて基本事項を述べることが適切であると考える．最初の電子式のコンピュータ ENIAC ができて 70 年．この間，構成法は飛躍的な進展を遂げた．そこには無数の技術の提案があり，淘汰され，残った有用な技術が今日のコンピュータを構成している．そのなかで，この間を通して基本となったもっとも重要な考え方は，ストアードプログラム方式である．これは命令を一つずつ逐次的に実行する方式であり，まさに simple is the best という思想の見事な実現である．本書では，このような美しい流れをもつコンピュータシステムの基本的な事項をできる限り丁寧に説明することを目標とした．

　著者は，大学においてコンピュータアーキテクチャ科目を担当しており，学生諸君がどのような部分に壁を感じるかをつぶさに見てきた．そこで痛切に感じたことは，コンピュータシステムの骨格を，話題を絞って丁寧に話すべきということであった．すなわち，山の上から街を眺めつつ，街中に移って要所を押さえるということであった．その結果，本書では，前半で数の表現（第 2 章），演算器やメモリなどの構成要素（第 3〜5 章），命令の概要（第 6 章），命令実行回路の構成（第 7 章）について述べ，コンピュータの基本構成を示した．後半では，コンピュータはスピードが命という観点から，構成上の工夫により速度向上をめざすパイプライン処理（第 8 章），キャッシュメモリ（第 9 章）について述べ，複数のプログラムを並行して実行可能にする仮想記憶（第 10 章）について述べた．コンピュータでは，入出力も重要である．個々の入出力装置について述べることはできなかったが，出入口である入出力装置とのインタフェース（第 11 章）について記述した．その結果，本書により，デスクトップコンピュータの筐体に収まっているハードウェア部分をひととおり理解できると考えていただきたい．

　本書は大学 2 年次の開講科目として想定している．そのため，初年次に開講されるであろう情報数学（離散数学），論理回路，回路基礎などの知識をある程度仮定している．これらの科目になじみのない読者は，必要に応じて該当する書物を併読していただきたい．

　最後に，本書執筆の機会を与えていただき，また，草稿に貴重なコメントをいただいた名古屋工業大学の高橋直久先生に心から感謝いたします．また，森北出版の加藤義之氏，藤原祐介氏には言葉に表せないほどお世話になりました．厚く感謝いたします．

2016 年 6 月　　　　　　　　　　　　　　　　　　　　　　　　　　　　成瀬　正

目　次

第 1 章　コンピュータのなりたち　　1
　1.1　コンピュータのはじまり …………………………………………………………　1
　1.2　製造技術の進歩 ………………………………………………………………………　3
　1.3　コンピュータアーキテクチャとは ………………………………………………　6

第 2 章　数の表現　　10
　2.1　2 進数 ……………………………………………………………………………………　10
　2.2　2 進数の加減算 ………………………………………………………………………　13
　演習問題 ……………………………………………………………………………………………　16

第 3 章　演算装置　　17
　3.1　論理回路 ………………………………………………………………………………　17
　3.2　加算器 …………………………………………………………………………………　20
　3.3　減算器 …………………………………………………………………………………　22
　3.4　ALU ……………………………………………………………………………………　22
　3.5　桁上げ先見加算器 ……………………………………………………………………　24
　演習問題 ……………………………………………………………………………………………　27

第 4 章　記憶装置　　29
　4.1　フリップフロップ ……………………………………………………………………　29
　4.2　レジスタ ………………………………………………………………………………　32
　4.3　メモリ …………………………………………………………………………………　34
　演習問題 ……………………………………………………………………………………………　38

第 5 章　制御回路の基礎　　40
　5.1　状態と状態遷移 ………………………………………………………………………　40
　5.2　順序回路 ………………………………………………………………………………　42
　5.3　乗算器の制御回路 ……………………………………………………………………　44
　演習問題 ……………………………………………………………………………………………　47

第 6 章 命令セットアーキテクチャ　48
- 6.1 ソフトウェアとハードウェアのインタフェース　49
- 6.2 コンピュータの命令　50
- 6.3 命令セットの例　56
- 6.4 C プログラムの命令への展開　62
- 演習問題　67

第 7 章 命令の実行　69
- 7.1 命令実行回路　69
- 7.2 バスを用いた構成　77
- 7.3 例外と割込み　81
- 演習問題　85

第 8 章 パイプライン処理　86
- 8.1 パイプライン処理の原理　86
- 8.2 パイプライン処理の基本構成　88
- 8.3 ハザードとその対策　92
- 演習問題　101

第 9 章 キャッシュメモリ　102
- 9.1 キャッシュメモリとは　102
- 9.2 キャッシュメモリシステムの動作概要　104
- 9.3 ダイレクトマップ方式　106
- 9.4 セットアソシアティブ方式とフルアソシアティブ方式　109
- 9.5 キャッシュの効果　111
- 演習問題　113

第 10 章 仮想記憶　115
- 10.1 仮想記憶とは　115
- 10.2 仮想記憶の実現法　117
- 10.3 アドレス変換の機構　118
- 10.4 アドレス変換の高速化：TLB　120
- 10.5 例外処理時の注意事項　123
- 10.6 仮想記憶による保護　123
- 演習問題　125

第 11 章 入出力装置とインタフェース　126
- 11.1 入出力装置の接続　126
- 11.2 外部記憶装置　133
- 演習問題　138

付録 A 乗算器と除算器 ... 140
A.1 乗算器 ... 140
A.2 除算器 ... 143

付録 B マルチサイクル構成における制御回路に関する補足 ... 146
B.1 乗算回路の制御 ... 146
B.2 制御回路の実現方式 ... 147

付録 C シリアルバスの仕組み ... 149
C.1 差動伝送 ... 149
C.2 PCI Express ... 150
C.3 8b/10b 符号化 ... 152
C.4 USB ... 154

さらなる勉強のために ... 160
演習問題解答 ... 162
索 引 ... 173

第1章

コンピュータのなりたち

keywords

初期の計算機，ENIAC，集積回路，微細化技術，歩留り，コンピュータアーキテクチャ，ソフトウェア，ハードウェア，高水準言語，アセンブラ，MIPS プロセッサ

　現在主流をなしているコンピュータは，ストアードプログラム方式とよばれるコンピュータ[1]である．これは，一連の命令系列からなるプログラムをコンピュータメモリに格納しておき，プログラムの実行にあたっては，一命令ずつ逐次的に読み出しては実行する，ということを繰り返して意味のある計算を行う計算機システムである．本書では，ストアードプログラム方式のコンピュータの構成について詳述する．

　新しいものは，その時代の要求があり，また，相応の技術基盤があって初めて実現するものである．それはコンピュータもしかりである．まずは，黎明期の状況を概観し，今日のコンピュータへと発展してきた一端を垣間見よう．これを通して，コンピュータアーキテクチャに興味をもっていただけたらと思う．

1.1 コンピュータのはじまり

　コンピュータの黎明期は 1945 年前後である．そこに至るまでに，需要の面でどのような問題があったか，二つの話題を見てみよう．一つは天文学であり，もう一つは，戦争と絡むが，大砲の弾道計算である．天文学では，天体暦をつくることや，星の軌道計算などを行う．そこでは，対数表や三角関数表を計算に用いていた．正確な計算を行うには，精度の高い数表が求められる．その当時は，微分解析機とよばれる計算装置があったが，それでは十分な桁数の対数や三角関数の値が得られず，精度の高い計算機械が求められていた．一方，（米国）陸軍では，大砲を正確に命中させるための弾道計算が行われていた．弾道は空気密度，温度，砲弾重量，風などの影響を受けて軌道が変わるため，種々の条件のもとで弾道計算を行い，砲身の仰角を決めなければならない．戦場でこの計算を行う余裕はないからあらかじめ計算しておかなければならないが，その計算は膨大であった．弾道計算は，弾道研究所で行われていた[2]．天文学や弾道学の計算は到底人の手に負えるものでなく，自動計算に対する要求はきわめて強かったのである．

　当然のことながら，このような状況を考慮し，自動計算機をつくるという試みもなされて

---

[1] 逐次実行型コンピュータ，あるいはノイマン型コンピュータともよばれる．
[2] 弾道研究所はメリーランド州アバディーンにあった（1992 年に廃止）．

いた．ハーバード大学では，エイケンが後に **MARK I** とよばれるようになるリレー式[1]の計算機を IBM のレイクとともに開発していた．また，ベル研究所では，スティビッツらが弾道計算を目的としたリレー式計算機の開発を進めていた．1940 年前後のことである．リレー式の計算機は，スイッチの動作が機械的であるために動作速度に限界があった．しかし，これらの計算機は，計数的な方法による計算，すなわちデジタル計算を行う計算機であった．そして，デジタル計算の重要性を示したところに，これらの計算機の意義がある．また，アイオワ州立大学にはアタナソフがいて，連立一次方程式を解くための計算機をベリーとともに開発していた．その計算機は **ABC**（Atanasoff-Berry Computer）と名づけられた．それは最終的に完成し，動作した．ABC の特筆すべき点は，2 進法の採用，電子式の計算機，演算装置とメモリの分離といった画期的な特徴をもっていたことである．さらに，メモリとしてコンデンサを使用していたことがあげられる[2]．これらは，現代の計算機の原型となっているといっても過言ではない．

一方，ペンシルベニア大学のムーアスクール[3]には，モークリーとエッカートがいた．彼らは後に ENIAC を開発することになる．モークリーは，以前に，アタナソフと計算機に関して議論を行っており，アタナソフの計算機をよく知っていた．その刺激を受けて，モークリーは計算機に関する報告書を書く．そして，大学院研究生であったエッカートはこの報告書を読むことになる．その画期的なアイデアに衝撃を受けたエッカートは，計数回路の調査に没頭し，たちまちのうちにその専門家となる．

ペンシルベニア大学と弾道研究所は，およそ 100 km 離れた位置関係にあった．このことは，これら 2 機関で交流があっても何ら不思議はないことを示している．事実，弾道研究所のゴールドスタインとペンシルベニア大学のモークリーは，計数型電子計算機について議論を重ねている．その結果，弾道研究所のために製作することを最終目標として，ムーアスクールにおける開発計画に資金がついた．これには，プリンストン大学高等研究所の重鎮であるヴェブレンの後押しもあった．こうして，真空管 18,000 本からなる電子式計数型計算機の開発が始まった．**ENIAC**（Electronic Numerical Integrator and Computer）の始まりである．

ENIAC は，プログラム内蔵方式の計算機ではない．ENIAC のプログラミングは，パッチパネルとよばれるパネルの上でスイッチやケーブルの配線を行って，プログラムの設定を行う．ちょうど電子実験キットで配線を行うようなイメージで，実行したいプログラムに合わせた回路の接続を人手で行うのである．これは一種の専用回路をつくることに相当するが，数日を要する作業であった．そのような時間がかかっても，電子式の計算機はリレー式に比べて，乗算で 500 倍も速く計算ができたことから，電子式のメリットは計り知れなかった．

フォン・ノイマンはヒルベルト[4]のもとで学んだ天才数学者で，この当時，高等研究所に所属していた．彼は非線形偏微分方程式で記述される乱流の問題が解析学の手に負えないことを認識し，数値計算に真に関心をもつようになった．そしてこれを契機に，弾道研究所など

---

[1] リレーとは機械的な接点をもったスイッチであり，そのオン/オフを電磁石で行う機器である．そのため，リレー式の計算機は電気機械式計算機とよばれる．
[2] これは現代の DRAM メモリに相当するものである．
[3] 当時のペンシルベニア大学電気工学部はムーアスクールとよばれていた．
[4] ドイツの数学者．近代数学の父とよばれる．

の研究活動に参画するようになった．フォン・ノイマンは，ゴールドスタインと出会ったことがきっかけとなって，ムーアスクールに定期的に顔を出すようになり，ENIAC とかかわる．フォン・ノイマンが加わって，ENIAC の問題点を解決する計算機 **EDVAC** (Electronic Discrete Variable Automatic Computer) の検討がムーアスクールで進み出す．その検討結果は，「EDVAC に関する報告書 第 1 稿」としてまとめられた．この検討で，フォン・ノイマンは中心的な役割を果たす．それは，

1. 上記の報告書の作成：このなかで計算機の構成の具体的な姿を示した．すなわち，演算装置，制御装置，記憶装置，入力装置，出力装置の五つの装置からなる構成である．
2. 逐次処理方式の提案：これにより，ハードウェアの規模が著しく小さくなった．
3. プログラム内蔵方式：そのためには，容量の大きな記憶装置が必要となる．フォン・ノイマンはアイコノスコープ（撮像管）を記憶装置として使うことを提案している[1]．
4. 命令の一覧表の提示：これらの命令を使って，ソーティング（並べ替え）のプログラムを示している（プログラム内蔵方式の最初のプログラム）．

などである．これらは，現在の計算機の基本構造となるものであり，フォン・ノイマンの先見性をうかがい知ることができる．このような経緯から，現在主流となっている計算機は，ノイマン型計算機とよばれるようになったのである．

なお，最初に稼働したプログラム内蔵型の計算機は EDVAC ではない．EDVAC の開発は，モークリーとエッカートが内輪のトラブルで開発メンバーから離脱したために，大幅に遅れた．それに対して，英国ケンブリッジ大学のウィルクスらが EDVAC に関する報告書に刺激を受けて，**EDSAC** (Electronic Delay Storage Automatic Calculator) を開発した．これが，最初に稼働したプログラム内蔵型の計算機とされている．

1.2 製造技術の進歩

ENIAC は真空管 18,000 本を使った計算機である．真空管の信頼性は高いものではなく，1 本でも故障すると正しい計算ができる保証はなくなる．ENIAC では，真空管の信頼性を確保するために定格の 50% で使用するように改良された．当初は 1 日に数本の真空管が壊れたが，この改良により，2 日に 1 本の割合に減少したという．真空管の数を減らすことは，計算機の信頼性の向上に直接的につながる．EDVAC は逐次処理方式と遅延線メモリの採用により真空管の数を 6,000 本にまで減らし，1 日平均 8 時間の連続運転ができたという．しかし，真空管はフィラメントを熱して使用しなければならず，ちょうど白熱電球の寿命がそれほど長くないように，真空管の寿命もそれほど長くとれるわけではなかった．もっと信頼性の高い素子が望まれていた．

ベル研究所では，1945 年当時，真空管に代わる素子を求めて研究が進められていた．その中心になったのが，バーディーンとブラッテンである．彼らは，高純度のゲルマニウム単結晶上に 2 本の針をきわめて近づけて立て，一方の針に電流を流すと，もう一方に大きな電流

---

[1] 実際には，記憶装置には遅延線が用いられた．

が流れるという現象を発見した．これが，点接触型トランジスタの発見であり，1947年にそれを完成させた．半導体素子の誕生である．しかし，点接触型トランジスタは，機械的に安定した動作が難しかった．固体物理学グループのリーダーだったショックレーはこの結果に可能性をみて，つぎの数か月間で半導体に関する知見を大幅に広げた．同時に，彼は安定動作ができる接合型トランジスタの発明へと導く．このようにして1954年には，商用のトランジスタがテキサスインスツルメンツ社から出荷されるにいたった．トランジスタの寿命は，真空管に比べるとはるかに長い．そのため，真空管は，トランジスタに急速に置き換えられたことはいうまでもない．

半導体素子は小さくつくることができる．また，フィラメントが不要なので，発熱量も少ない．計算機をつくるうえでこれらは大きなメリットである．1950年代半ばには，トランジスタを用いた計算機が主流になっていく．

トランジスタの構造を考えると，半導体の基板の上にいくつかのトランジスタをつくってトランジスタ回路を構成できることが，1950年代前半に示された．このようにしてつくった回路を**集積回路**(Integrated Circuit, IC)という．1950年代後半には，集積回路は製品として世の中に現れる．そして，集積回路の出現は，その後の電子回路技術を一変させた．

集積回路の集積度(単位面積あたりにいくつの回路素子をつくりこむことができるかを表す数値)は，プロセスルールとよばれるルールで決まってくる．具体的にいうと，これは半導体基板上にトランジスタ回路を構成する場合の最小加工寸法であり，トランジスタなどの素子や素子間を接続する配線の寸法を規定するルールである．加工できる最小の線幅と考えればよい(トランジスタ自身もこの線幅のルールに従って加工される)．通常，μm や nm で表される．線幅は，技術進歩とともに小さくなり，1970年当時は 10 μm だったものが，2011年頃には 22 nm にまで進んでいる．約 500 分の 1 の小ささである．線幅を小さくできるということは，単位面積あたりのトランジスタ数を増やすことができるということを意味している．しかも，縦方向も横方向も細くなるため，単位面積あたりのトランジスタ数は2乗のオーダーで増えていくことになる．したがって，1970年当時に比べると，2011年頃には単位面積あたりのトランジスタ数は約 25 万倍にもなったのである．

実際にインテル社の主なマイクロプロセッサについて見てみると，表 1.1 のようになっている．これから，微細化の進歩をグラフにすると，図 1.1 が得られる．1993年頃を境に，微細化の速度が大きくなっていることがわかる．1993年以降は，ほぼ2年ごとに線幅は70%に縮小されていることがわかる．

集積回路は，ウェハーとよばれるシリコンの基板上に製造され[1]，数 mm 角の**ダイ**(die)とよばれるチップがぎっしりと並んだものができあがる．これをカットしてパッケージに入れたものが，製品として見かける IC である[2]．ここで注意してほしいことは，その製造過程でウェハー上にはランダムに点状の欠陥が発生することである．これは，単位面積あたり一定の割合で発生する．欠陥が入ったダイは，不良品となる．良品の率を**歩留り**という．歩留りの良し悪しは製造メーカーの死命を決することになるから，歩留りの向上は至上命題である．ダイの面積を大きくすると欠陥が入る確率が大きくなり不良品が増えるから，従来は歩留り

---

[1] 穴の開いてない CD-ROM の鏡面を想像してほしい．
[2] ウェハー上の製造工程については，ほかの専門書を参照してほしい．

表 1.1　インテル社の主なプロセッサ

プロセッサ名	供給年	トランジスタ数 [×10^3]	ダイサイズ [mm^2]	プロセスルール [nm]	100 mm^2 あたりのトランジスタ数	動作周波数 [MHz]
i8008	1972	3.5	14	10,000	25,000	0.5
i8080	1974	4.5	20	6,000	22,500	2
i8085	1976	6.5	20	3,000	32,500	3
i8086	1978	29	33	3,000	87,879	5
i80286	1982	134	49	1,500	273,469	6
i80386	1985	275	104	1,500	264,423	16
i80486	1989	1,180	173	1,000	682,081	25
Pentium	1993	3,100	294	800	1,054,422	60
Pentium II	1997	7,500	195	350	3,846,154	233
Pentium III	1999	9,500	128	250	7,421,875	450
Pentium 4	2000	42,000	217	180	19,354,839	1300
Itanium 2	2002	221,000	421	180	52,494,062	900
Core 2 Duo	2006	291,000	143	65	203,496,503	1060
Core i7	2008	731,000	263	45	277,946,768	2660
10 core Xeon	2011	2,600,000	512	32	507,812,500	1730

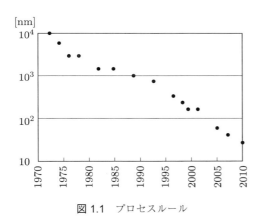

図 1.1　プロセスルール

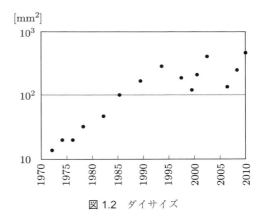

図 1.2　ダイサイズ

を確保するために，ダイの面積は大きくできなかった．しかし，単位面積あたりの欠陥発生率を減少させるたゆまぬ技術改良の結果，ダイの面積を大きくしても一定の歩留りが確保できるようになり，2011 年には，一辺が 23 mm を超えるダイを製造することができるようになった．ダイのサイズ（面積）の増加を図 1.2 に示す．1993 年から 2006 年頃までダイの面積は横ばいになっているが，これはプロセッサに必要なトランジスタ数（プロセッサの複雑さ）の増加に比べて，プロセスルールの進歩が著しかったために，ダイサイズを大きくしなくても吸収できたことによると思われる．2006 年頃からはマルチコア化が行われるようになり，ダイサイズの増加が再開したと考えられる．

このような微細化技術と欠陥の減少の進歩のおかげで，いまではダイ上に 26 億個ものトランジスタを構成できるようになった．図 1.3 は，ダイ上のトランジスタ数の増加を示すグ

ラフである．図から，ほぼ2年でトランジスタ数が2倍強になっていることが見てとれる．

動作周波数については，図1.4に示すように，プロセスルールの進歩とともに高くなっている．しかし，動作周波数が3 GHzを超えると発熱の問題が顕著になり，周波数の増加は頭打ちとなっている[1]．

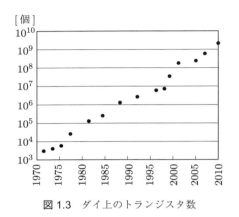

図1.3　ダイ上のトランジスタ数

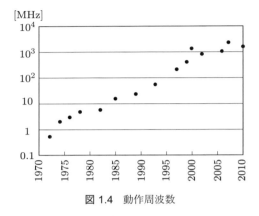

図1.4　動作周波数

1.3　コンピュータアーキテクチャとは

コンピュータアーキテクチャは，コンピュータの構成法を研究する学問分野である．本書は，コンピュータを構成するうえで基本となる技術について述べる．

コンピュータの始まりのところでも述べたように，人の力では及ばない大量計算を行う機械がほしいという要求から，自動計算機が開発されてきた．より大規模な計算，より精密な計算に対する要求は飽くところを知らず，その要求に応えるべく，性能の高い計算機が連綿として開発されてきた．コンピュータの性能向上は，動作周波数の向上によるところはもちろんのことであるが，コンピュータ構成法の進展によるところも大きい．プロセスルールの進展により，単位面積あたりのトランジスタ数も飛躍的に多くなり，コンピュータの性能を高めるための構成上の工夫が実現できるようになったからである[2]．

コンピュータは，ソフトウェアとハードウェアが密接に結びついて機能する．ソフトウェアは，コンピュータに処理を指示する手順書であり，ハードウェアは，手順書に従って，実際に計算を行う機械である．手順書のことを**プログラム**といい，それは，プログラミング言語によって記述される．図1.5の「プログラム」と記した箱がその例である[3]．もちろん，プ

---

1) 集積回路では，CMOSとよばれる半導体回路(トランジスタ)が使用される．CMOSは電力消費が小さいというメリットをもつ．CMOSは，スイッチング時間とよばれるごく短い時間に電力消費をし，その他の時間は電力をほとんど消費しない．スイッチングの回数は動作周波数に比例する．したがって，動作周波数が低いときは電力消費が少なく，動作周波数が高くなると消費電力が増加する．一方で，単位面積あたりのトランジスタ数はプロセスルールの進展に伴い増加する．その結果，全体の電力消費が大きく増加することになる．電力消費の増加は発熱の増加につながり，ダイの破壊につながる．
2) 最近のプロセッサは，複数のプロセッサを一つのダイ上に構成するマルチプロセッサ化(並列化)が進んでいる．
3) 図1.5はC言語の例を示しており，変数iとjの値が等しくなければ，a = b + cを計算し，そうでなければa = b − cを計算する，というプログラムである．

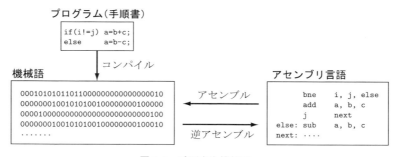

図 1.5 手順書を機械語へ

ログラムは人が書く．そのため，プログラミング言語は，人が理解しやすいものとなっている．プログラミング言語には，C言語，Java言語など非常に多くの異なる言語がある．このようなプログラミング言語で記述されたプログラムを，ハードウェアで直接実行することは困難である．そのため，ハードウェアで実行できる言葉に変換する必要がある．その作業を**コンパイル**(翻訳)という．コンパイルは人が行うのではなく，コンピュータが行う．コンパイルをするソフトウェアをコンパイラという．コンパイルされたプログラムは，ハードウェアが直接実行できるものである．ハードウェアが直接実行できる言語を，**機械語**という．機械語は0と1の組合せで記述される．一つひとつの機械語を命令とよぶことにしよう．そうすると，コンパイルされたプログラムは命令の系列となる．図の「機械語」と記した箱がその例で，1行が1命令を表す[1]．機械語は，人にはきわめてわかりにくい．そこで，機械語を人にわかりやすい言葉に置き換えたい．その用に供するのがアセンブリ言語である．図の「アセンブリ言語」の箱が，その例である．図では，左の機械語の命令列をアセンブリ言語で示している[2]．アセンブリ言語で書かれたプログラムを機械語に変換することを**アセンブル**といい，それを行うソフトウェアを**アセンブラ**という．逆に，機械語をアセンブリ言語に変換することを**逆アセンブル**という．

ハードウェアは，命令が与えられるとそれに対応する動作をするように構成される．そして，命令の系列が与えられると，それらを順番に実行していくように構成される．図1.6にその概念図を示す．図において，データの流れと制御信号の流れを，それぞれ⟨⇒⟩と⟶で示す．コンピュータの構成ブロックは，演算装置，制御装置，記憶装置，入出力装置(入力装置，出力装置に分けることもある)からなり，以下のように動作する．

- 機械語のプログラムや演算に必要なデータ(変数の値など)は記憶装置に格納される．
- 制御装置からの制御信号により，一つの命令が記憶装置から読み出され，⟨⇒⟩の経路を通って制御装置に送られる．
- 制御装置は，命令を解読して，その実行に必要な制御信号をつくる．たとえば，図1.5

---

1) ここに示した機械語は，MIPSというマイクロプロセッサの例である．MIPSでは，32桁の0と1の組合せで一つの命令が記述される．それに対してインテル社のマイクロプロセッサは，命令によってその桁数が異なる．

2) アセンブリ言語を見ると，a = b + c という式は，add a, b, c と翻訳されていることがわかる．bne i, j, else という命令は，iとjが等しくなかったらelseというラベルの付いた命令(すなわち，sub a, b, c)をつぎに実行せよ，等しかったらつぎの命令を実行せよ，という命令である．ここでは説明のために，実際のアセンブリ言語とは異なる書き方をしている．正確な書き方は，第6章を参照されたい．

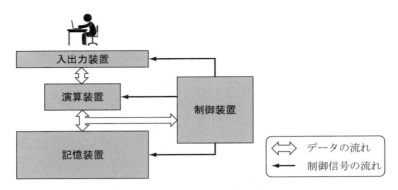

図 1.6　コンピュータの構成ブロック

の add a, b, c 命令の実行では，b と c の値を記憶装置から読み出して演算装置に送り，加算を行って，結果を記憶装置の a に書き込むといった制御信号がつくられる（この段階では，そのように構成されるのだと考えてほしい）．
- この命令が実行されたら，つぎの命令が実行されるように制御装置が動作する．

これを繰り返してプログラムが実行される．その正確な仕組みを示すことが，本書の第 1 のテーマである．そのために，基礎となる事項についてまず述べる．それらは，数の表現方法（第 2 章），演算装置（第 3 章），記憶装置（第 4 章）である．コンピュータは順序回路とよばれる回路である．その概要を第 5 章で述べる．第 6 章では，コンピュータがもつ命令について述べる．実際のコンピュータは非常に多くの種類の命令をもつが，ここでは，プログラムをコンパイルする際よく現れる基本的な命令を示す．コンピュータがもつ命令の集合を，命令セットという．コンピュータの命令は，ソフトウェアとハードウェアのインタフェースである．そのため，命令セットの設計は，コンピュータ設計上きわめて重要である．本書では，理解が容易な MIPS の命令セットを前提にして話を進める．そして，第 7 章で命令を実行するための構成について述べる．ここまでで，コンピュータがどのように動作するか理解されよう．

　本書の第 2 のテーマは，コンピュータの性能を向上させるための基本的な技法である．一つは，パイプライン処理である．自動車工場の生産ラインを想起してほしい．ベルトコンベア上を流れて自動車が組み立てられていく．すなわち，組立て工程を多数の部分工程に分けて，部分工程の実行時間を短時間（たとえば 1 分）にする．各部分工程がほぼ同じ時間で実行できることがポイントである．その結果，1 台の自動車を組み立てるには何時間もかかるが，ベルトコンベアの終点では，1 分に 1 台の自動車が組み立てられて出てくるわけである．このような手法をコンピュータでも採用したい．コンピュータでは特有の制約があって，自動車工場ほどにはうまく流れないが，それでもかなり効率がよくなる．第 8 章でその実現法を述べる．パイプライン処理がうまく機能するためには，記憶装置が重要な役割を果たす．通常，演算器は非常に高速に演算ができるのに対して，（メイン）メモリの読み書きは時間がかかる．命令の実行はメモリから命令を読んで，その命令がどういう命令か解読し，それに対応する演算を行う，という流れで行われる．それぞれが自動車組立ての部分工程になるが，

このままでは部分工程の実行時間がアンバランスになる．そこで，演算器の速度に見合った読み書き速度をもつメモリを用意したい．一方で，大量データの処理が求められる昨今では，大容量のメモリが必要となる．高速で大容量のメモリがあれば，問題は解決する．しかし，高速なメモリは容量が小さく，大容量のメモリは読み書き速度が遅いという相反の関係にある．そこで，これらのメモリを組み合わせて，見かけ上高速で大容量のメモリシステムを実現することを考える．これができれば，パイプライン処理がスムーズに流れる．キャッシュメモリとは，このようなシステムで用いられる高速小容量メモリのことをいう．第9章では，どのように構成すればこのようなメモリシステムができるかについて述べる．多数のプログラムを同時並行処理[1]することは，コンピュータの柔軟性を増すうえで重要である．また，コンピュータがもつ実際のメモリ容量(物理メモリの容量)よりも大きなプログラムを実行することを可能にしたい．このような要求に応える方法として，仮想記憶方式がある．第10章では，仮想記憶方式の実現法について述べる．

キーボードやディスプレイ装置，外部記憶装置などのいわゆる周辺装置はコンピュータの重要な構成要素である．本書では，周辺装置とコンピュータ本体との接続(インタフェース)に焦点を当てる．個々の周辺装置について詳しく述べる余裕はないが，外部記憶装置については，基本的な事項を詳しく述べる．第11章でこれらを記述する．

---

1) この意味は，短時間(たとえば10ミリ秒)単位でつぎつぎとプログラムを切り替えて実行する，ということである．それゆえ，一定時間(たとえば1秒)でみると多数のプログラムが並行処理されるということである．

第2章

数の表現

keywords

2進数，基数，ビット，バイト，語，符号付き数，2の補数，符号拡張，2進数の加減算，オーバーフロー

コンピュータで用いられる数は2進数である．本章では2進数の世界を概観する．コンピュータの内部では無限に大きい数を表すことは物理的に無理なので，有限の桁で数を表現する．このような制約があるとき，正負の数を表現するにはどうしたらよいであろうか，加算や減算はうまくできるであろうか，といった疑問がわく．本章ではこのような疑問に答える．

2.1 2進数

この節では整数を扱う．われわれの世界は，10進数で計算を行っている．それは，人間の指の数が10本であるところからきているのであろう．それでは，コンピュータの世界はどうであろうか？ コンピュータの世界では，**2進数**が用いられる．2進数とは，2で桁上がりをする数であり，

$$0, 1, 10, 11, 100, 101, 110, 111, 1000, 1001, 1010, \ldots$$

と続く．対応する10進数は，つぎのようになる．

$$0, 1, 2, 3, 4, 5, 6, 7, 8, 9, 10, \ldots$$

任意の数 n をもってきて，n で桁上がりする数を考えることができる．このような数を n 進数という．この n は数表現の基礎になる数であるから，**基数**(radix)という．基数2の数表現が2進数である．また，基数 n の数を表すには，n 個の異なる数字が必要である．たとえば $n=16$，すなわち16進数の場合には，0,1,2,3,4,5,6,7,8,9,A,B,C,D,E,F の16種類の数字が用いられる(ここでは，A,B,C,D,E,F も数字と考える．A は10進数で10に対応する数字，F は10進数で15に対応する数字である)．

k 桁の n 進数の数を $d_{k-1}\cdots d_1 d_0$ とすれば，その大きさ(値)は基数 n を用いて，

$$\sum_{i=0}^{k-1} d_i \times n^i \quad (0 \leq d_i < n) \tag{2.1}$$

となる．n^i を第 i 桁の**重み**という．

たとえば，2進数 1101 の値は，$1\times 2^3 + 1\times 2^2 + 0\times 2^1 + 1\times 2^0$ であり，10進数で13となる．式(2.1)は，n 進数から10進数への変換式でもある．ただし，数字は(たとえば，16進

数の F は 15 というように）10 進数に直して計算する必要がある．たとえば，16 進数 8FE の値は，$8 \times 16^2 + 15 \times 16 + 14 \times 16^0 = 2302$ となる．コンピュータの世界では，2 進数，8 進数，16 進数が頻繁に用いられる．

基数を明確に表すために，基数を添え字にして表現することがある．たとえば，1010_2，1234_{10} というように書く．本書でも，基数を明示したい場合に使用する．また，16 進数に関しては，C 言語の記述スタイルである 0x… という表記をする場合がある．たとえば，0x8FE といった具合である．

2 進数 1 桁を**ビット**といい，2 進数 n 桁の数を n ビットの 2 進数という．n ビットの 2 進数を

$$b_{n-1}b_{n-2}\cdots b_i \cdots b_1 b_0$$

と表記する（図 2.1 参照）．ここで，b_i は 0 または 1 である．b_0 を**最下位ビット**，b_{n-1} を**最上位ビット**という．桁の位取りは，最下位ビットを第 0 ビット，最上位ビットを第 $n-1$ ビットとする．また，2 進数 8 桁，すなわち 8 ビットを**バイト**という．ビットは小文字の b，バイトは大文字の B で表すこともある．たとえば，8 b は 8 ビットを意味し，16 B は 16 バイトを意味する．バイトという用語はメモリの話をする場合に頻繁に用いられる．コンピュータ上の演算では，演算器の物理的な制約から，演算する数の桁の大きさ n が固定される．近年のコンピュータでは，$n = 32$ あるいは 64 がふつうである．n ビットコンピュータというのは，この演算桁数のことを指している．そして，この桁数を**語**という．32 ビットのコンピュータでは，1 語は 4 バイトである．

b_i は 0 または 1 の値をとる．

図 2.1　2 進数の表現

◆コラム　〈コンピュータの世界ではなぜ 2 進数が使われるのか〉

コンピュータの世界ではなぜ 2 進数が使われるのかという疑問がわく．それは，コンピュータを構成する装置と密接に関係する．いうまでもなくコンピュータは電子回路で構成される．電子回路はノイズの影響を受けやすいから，非常に多くの回路を使って構成されるコンピュータを安定動作させるためには，回路構成をできるだけ簡明にすること，ノイズに対して余裕のある回路構成をとることが重要である．電子回路をスイッチのようにオンとオフで動作させると，この条件を容易に満たす．オンを 1，オフを 0 と考えるのである．また，フリップフロップという回路があるが，この回路は，オン（1）とオフ（0）という状態をもつ（記憶する）ことができるという特長をもつ．これらは，電子回路でコンピュータを構成するとき，2 進数が有用であるということを示している．一方で，ブール代数という数学の分野がある．ブール代数は真（1）と偽（0）という論理値をもとに論理演算が構成される数学である．この論理演算は，電子回路と親和性が高い．ブール代数を使って，加算を論理演算に置き換えることができるからである．このようなことから，コンピュータの世界では 2 進数が使われている．

第 2 章 数の表現

n ビットの 2 進数で表すことのできる数の範囲は，$0 \sim 2^n - 1$ である．これは，正の数を表した場合である．n ビットの 2 進数で正の数のみを表現する場合，その数を**符号なし数**という．

一方で，計算を行うには負の数は必須である．負の数を表現するにはどのようにしたらよいであろうか？ その場合は，2 の補数表現（表示）が用いられる．n ビットの 2 進数 $B = b_{n-1} \cdots b_1 b_0$ が与えられたとき，

$$1\overbrace{00\cdots00}^{n} - b_{n-1} \cdots b_1 b_0$$

あるいは，別表現すれば，

$$2^n - B \tag{2.2}$$

を $b_{n-1} \cdots b_1 b_0$ の **2 の補数**という．ただし，引き算の結果の下位 n ビットをとるものとする．このように 2 の補数を定義して，n ビットの 2 進数のうち最上位ビット b_{n-1} が 0 のものを正の数とする．そして，正の数の 2 の補数を，対応する負の数とする．ただし，0 と $1\overbrace{0\cdots0}^{n-1}$ は例外で，これらの 2 の補数はそれ自身になる．また，数 B の 2 の補数を $\overline{B}$ とすると，式(2.2)から $B + \overline{B} = 2^n$ の関係が成立する（ただし，0 は例外である）．このように，n ビットの 2 進数で正負の数を表現する場合，その数を**符号付き数**という[1]．以上のことを 4 ビットの 2 の補数表現された 2 進数で例示すれば，表 2.1 のようになる．

n ビットの 2 の補数表現された数が表現できる範囲は，$-2^{n-1} \sim 2^{n-1} - 1$ の整数である．このように決めると，最上位ビットは符号を表していることがわかる．最上位ビットが 0 なら正の数，1 なら負の数である．したがって，2 の補数表示をする場合は，何ビットの数を考えているかを常に意識しなければならない．

2 の補数を簡単に計算する方法がある．それは，

表 2.1 4 ビットの 2 の補数表現された 2 進数の例

正の数	負の数
2 進数(対応する 10 進数)	2 進数(対応する 10 進数)
0000 (0)	—
0001 (1)	1111 (−1)
0010 (2)	1110 (−2)
0011 (3)	1101 (−3)
0100 (4)	1100 (−4)
0101 (5)	1011 (−5)
0110 (6)	1010 (−6)
0111 (7)	1001 (−7)
—	1000 (−8)

＊同じ行の数がたがいに 2 の補数になる．

---

[1] 符号付き数の表現方法は，2 の補数表現のほかに符号付き絶対値表現がある．これは，最上位ビットを符号ビットとし，残りのビットで正の数を表す表現法である．

① 与えられた n ビットの 2 進数の各桁の数を反転(0 は 1 に，1 は 0 に)する
② 1 を加える
③ 結果が $n+1$ ビットになった場合は，下位 n ビットを残す

という方法である．4 ビットの 2 進数で例示すれば，

$$0001 \xrightarrow{反転} 1110 \xrightarrow{+1} 1111$$

$$0000 \xrightarrow{反転} 1111 \xrightarrow{+1} 10000 \xrightarrow{下位 4 ビット} 0000$$

というように計算が進む．

m ビットの 2 の補数表示された数 $A = a_{m-1} \cdots a_1 a_0$ を n ビットの 2 の補数表示された数 $B = b_{n-1} \cdots b_1 b_0$ に変換する必要がしばしば生じる．ただし，$m < n$ とする．方法は簡単で，b_0 から b_{m-1} までは $b_i = a_i$ とし，b_m から b_{n-1} まではすべて a_{m-1} とすればよい．その理由は，このようにして B をつくったとき，A が正ならば，A と B は明らかに同じ数を表し，この B に対して，B の 2 の補数は，

$$\overline{B} = 2^n - B = 2^n - A = 2^n - (2^m - \overline{A}) = 2^n - 2^m + \overline{A} = (2^{n-m} - 1)2^m + \overline{A}$$

となるからである．これは，A の 2 の補数の頭に $n - m$ 個の 1 を付けたものである．0 と $1\overbrace{0 \cdots 0}^{m-1}$ については個別に調べなければならないが，それは容易に確かめられる．この変換を**符号拡張**という．たとえば，8 ビットの 2 の補数表示された 2 進数を 16 ビットの 2 の補数表示された 2 進数に変換する場合，

00110011 → 0000000000110011
11110000 → 1111111111110000

となる．

2.2　2 進数の加減算

2.2.1　加算

二つの数の加算を考える．この項では，2 進数の桁数を n とし，加算の結果が数の表現範囲内に収まるものとして話を進める．

符号なしの 2 進数の加算は，10 進数と同様の加算を行えばよい．たとえば，4 ビットの符号なし数の加算の例は $0101 + 0110 = 1011 (5 + 6 = 11)$ のようになる．

2 の補数表示された二つの数の加算は，どうなるであろうか？これが符号なし数の加算と関連づけられれば，一つの加算器(回路)で両方の計算ができることになり，コンピュータの構成上有利になる．以下，被加数と加数の正負の組合せに応じて検討してみよう．

正 + 正　この場合は符号なし数と同様の加算を行えばよい．

正＋負（または負＋正）　A を正，B を負とする．B の 2 の補数を $\overline{B}$ とすれば，$\overline{B}$ は正の数で，$\overline{B} = 2^n - B$ である．したがって $A + B$ は，$A, \overline{B}$ を符号なし数と考えて $A - \overline{B}$ を計算することになる．ここで，$A < \overline{B}$ と $A \geq \overline{B}$ の場合に分けて考える．

$A < \overline{B}$ の場合：$\overline{B}$ から A を引き，その 2 の補数をつくる．すなわち，

$$2^n - (\overline{B} - A) = 2^n + A - \overline{B} = 2^n + A - (2^n - B) = A + B$$

となる．この結果は，A と B を符号なし数とみなしてそのまま加えたものであることを示している．

$A \geq \overline{B}$ の場合：$A - \overline{B}$ の計算を行えばよい．これは，

$$A - \overline{B} = A - (2^n - B) = A + B - 2^n \geq 0$$

となる．この結果は，A と B をあたかも符号なし数として加えたものから 2^n を引くと答えが得られることを示している．これは，$A + B$ の下位 n ビットを取り出すことに等しい．以上から，この場合も，A, B を符号なし数のようにそのまま加算して，結果の下位 n ビットを取り出せば加算ができることがわかる．

負＋負　A, B ともに負の数とする．この場合は，A の 2 の補数と B の 2 の補数を加え，その結果の 2 の補数を計算することに等しい．$\overline{A}, \overline{B}$ をそれぞれ A, B の 2 の補数とすれば，求める値は，

$$2^n - (\overline{A} + \overline{B}) = 2^n - (2^n - A + 2^n - B) = A + B - 2^n$$

となる．$A + B$ は必ず $n + 1$ ビットの数になるので，2^n が引かれるのである．したがって，この場合も A と B を符号なし数のようにそのまま加算して，結果の下位 n ビットを取り出せばよい．

このように，2 の補数表示された数の加算は，符号なし数の加算とまったく同じ方法で行えばよいことがわかる．このことは，演算器を構成する際，同じ加算器で符号なし数どうしの加算も，2 の補数表示された数どうしの加算もできることを意味している．このことが，コンピュータで符号付き数として 2 の補数表示が用いられる理由なのである．

2.2.2 減算

つぎに，減算について考える．まず，2 の補数表示された 2 数の減算を考察する．2 の補数表示された 2 数 A, B の減算は，$A - B = A + (-B)$ であるから，2 の補数の加算に帰着する．具体的には，B の 2 の補数 $\overline{B}$ をつくって $A + \overline{B}$ を計算すればよい．

符号なし数 A, B の減算 $A - B$ は，つぎのように考える．

$$A - B = A + 2^n - B - 2^n = A + (2^n - B) - 2^n$$

ここで，正しい結果が得られるのは，$A - B \geq 0$ の場合であるから，そのときは，$A + (2^n - B) \geq 2^n$，すなわち $A + (2^n - B)$ は $n + 1$ ビットの数になることを意味している．したがって，符号なし数の減算は，B をあたかも 2 の補数表示された数と考えて，その 2 の補数をつくり，加算を行えばよいことがわかる．$A < B$ の場合は $A + (2^n - B) < 2^n$ となるので，$A \geq B$ の

場合と同じように計算すると正しい結果にはならない．実際，演算結果は表現できる範囲外なので，演算器を構成するにあたっては，エラー表示をするなどの適切な処理が必要となる．

このように，減算は，符号なし数どうしの減算であろうが符号付き数どうしの減算であろうが，2の補数をつくる補数器と加算器の組合せで実現することができる．

2.2.3 演算結果が数の表現範囲を超えた場合の扱い

上で述べたように，演算結果が数の表現範囲を超えた場合の扱いを明確にしておかなければならない．具体的には，演算結果が表現の範囲内なのか，表現範囲を超えるのかを判定する基準を示さなければならない．演算結果が数の表現範囲内に収まらないことを，**オーバーフロー**という．以下では，数は n ビットで表現されるものとする．

符号なし数の加減算　加算の場合は，加算結果が $n+1$ ビットになったときに表現範囲を超え，オーバーフローが発生する．これは最上位ビットからの桁上がりがあることと等価である．したがって，最上位ビットからの桁上がりを調べることでオーバーフローの検出ができる．

減算の場合は，2.2.2項の考察からわかるように，減算結果が正しい場合は，最上位ビットからの桁上がりが発生し，正しくない場合には，最上位ビットからの桁上げが発生しない．したがって，最上位ビットからの桁上げのない場合がオーバーフローとなる．

2の補数表示された符号付き数の加減算　まず，加算について検討する．例として，4ビットの2の補数表示された2進数を考える．数の表現範囲は，10進数で $-8 \sim 7$ である．0100_2 と 0101_2 の加算を行うと，$0100_2 + 0101_2 = 1001_2$ となる．これは $4+5=9$ を計算したつもりだが，結果は $4+5=-7$ となっている．加算結果が数の表現範囲を超え，オーバーフローが発生したためである．

この例からわかるように，加数，被加数，加算結果の最上位ビットの組合せ（符号の組合せ）でオーバーフローの有無を判定することができる．オーバーフローが発生する可能性があるのは，正の数と正の数を加算した場合，または負の数と負の数を加算した場合であり，加算の結果が異符号のときオーバーフローである．正の数と負の数を加算した場合は，オーバーフローは発生しない．なぜなら，A を正の数，B を負の数とした場合，$|A+B| \leq \max(|A|,|B|)$ だからである．これらをまとめると，表2.2のようになる．

減算については，$A - B = A + (-B)$ であるから，A と $-B$ の加算と考えればよい．すなわち，正 − 負あるいは負 − 正の場合にオーバーフローが発生する可能性がある．したがって，加数の符号を入れ替えて表2.2をみればよい．

表2.2 加算におけるオーバーフローの発生

		被加数	
		正	負
加数	正	結果が負のとき発生	発生しない
	負	発生しない	結果が正のとき発生

第2章のポイント

本章では，コンピュータで用いられる数の表現について学んだ．

- 人間は指の数が10本であることから10進数との親和性がよいが，コンピュータでは，それを構成する電子回路との親和性から2進数が用いられる．
- コンピュータが物理的に構成される限り，有限桁（n桁）の2進数の演算しか扱えない．この制約の範囲で演算の規則を決めなければならない．
- 正の整数を表現する方法として，符号なし数がある．
- 正の整数と負の整数を0と1だけで表現する方法として，2の補数表現がある．
- 2の補数表示された数どうしの加算および符号なし数どうしの加算は，2の補数器と加算器から構成することができる．
- 加減算の結果が数の表現範囲を超えると，オーバーフローとなる．

なお，科学技術計算では，大きな数から小さな数まで，広範囲の数を扱いたい．そこでは有効数字が一定程度あれば，必要な計算が可能である．そのような要求を満たす表現として浮動小数点数があるが，本書では紙数の都合で省略せざるを得なかった．浮動小数点数については，他書を参照されたい．

演習問題

2.1 つぎの表の空欄を埋めよ．なお，数は符号なし数とする．

2進数	10進数	16進数
101011101110		
	87935	
		0x9F3E7

2.2 以下の符号付き10進数を，16ビットの2の補数表示された2進数に変換せよ．
  (1) 813   (2) -1408 (3) -31836

2.3 以下の16ビットの2の補数表示された2進数を，10進数に変換せよ．
  (1) 0011010100110110   (2) 0111100010111001   (3) 1110001000011011

2.4 以下の8ビットの2の補数表示された2進数の加減算を行い，結果を2進数で示せ．なお，オーバーフローの場合はオーバーフローとせよ．
  (1) 00111011 + 10110100   (2) 11110001 + 10000110   (3) 10110001 − 11011011
  (4) 00011010 − 00101011

第3章

演算装置

keywords

論理回路，論理演算，真理値表，組合せ回路，マルチプレクサ，デコーダ，半加算器，全加算器，減算器，算術論理演算ユニット(ALU)，桁上げ先見(キャリールックアヘッド)方式

　本章では，ハードウェアの側面から，演算装置の構成について述べる．まず，NOT，OR，AND などの基本的な論理回路を説明する．ついで，加算器，減算器，およびそれらを統合した算術論理演算器(ALU)を構成する．加算器では，桁上げ信号の取扱いの仕方が演算時間に大きく影響する．そこで，演算時間を著しく削減できる桁上げ先見方式についても詳しく説明する．

3.1 論理回路

　はじめに，本書で必要とする論理回路について述べる．論理演算の基本は，**否定**(NOT)，**論理和**(OR)，**論理積**(AND)である．本書では，否定を $C = \overline{A}$，論理和を $C = A + B$，論理積を $C = A \cdot B$ または $C = AB$ と記述する．ここで，A, B, C は論理変数であり，論理変数 A, B の演算の結果を C で表している[1]．論理変数は，真(1)または偽(0)の2値をとる．これらの論理演算の演算規則は，つぎの表で与えられる．この表を**真理値表**という．この表は，たとえば，OR 演算で入力が $A = 0, B = 1$ だったら，出力は $C = 1$ である，というように読む．

NOT

A	C
0	1
1	0

OR

A	B	C
0	0	0
0	1	1
1	0	1
1	1	1

AND

A	B	C
0	0	0
0	1	0
1	0	0
1	1	1

　上記の基本演算以外でよく用いられる演算には，**論理積否定**(NAND)，**論理和否定**(NOR)，**排他的論理和**(XOR)がある．これらの演算は，それぞれ $C = \overline{A \cdot B}, C = \overline{A + B}, C = A \oplus B$ と記述され，その真理値表はつぎのように与えられる．

---

[1] 論理変数の記号には，大文字，小文字を適宜使用する．

18　第 3 章　演算装置

NAND			NOR			XOR		
A	B	C	A	B	C	A	B	C
0	0	1	0	0	1	0	0	0
0	1	1	0	1	0	0	1	1
1	0	1	1	0	0	1	0	1
1	1	0	1	1	0	1	1	0

　論理演算を行う電子回路を**論理回路**という．ここで示した論理演算に対応する論理回路を，図 3.1 に示す記号で記述する．これらの回路は**ゲート回路**ともよばれ，AND ゲート，NOR ゲートなどといったよび方をする．また，図で NOT，NAND，NOR 回路についている○は，否定を意味する記号である．

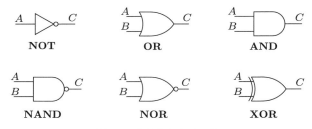

図 3.1　基本的な論理回路

　論理和，論理積，論理和否定，論理積否定の真理値表は，n 変数の表に容易に拡張できる．これに対応して，論理回路にも n 入力の回路がある．本書でもそれを断りなく使用する（たとえば，後述する図 3.5 の全加算器回路では，3 入力の論理和回路が使われている）．

　真理値表は，入力となる論理変数のとる値の組合せに対してその演算結果を記述した表であり，これを使って種々の論理回路を設計することができる．

　この章では，出力が入力のみによって決まる論理回路，つまり出力が入力の関数となる論理回路について述べる．このような回路を**組合せ回路**とよぶ[1]．

　上記の基本論理回路を利用して，論理回路で頻繁に用いられる**マルチプレクサ（セレクタ**ともいう）と**デコーダ**を構成してみよう．

　マルチプレクサ（MUX）は n 個の入力から指定した一つを選択する回路である．通常 n は 2 のべき乗である．一例として 2 入力マルチプレクサの真理値表は以下のように与えられる．

MUX			
S	i_0	i_1	o
0	0	X	0
0	1	X	1
1	X	0	0
1	X	1	1

または

MUX	
S	o
0	i_0
1	i_1

　ここで，X は 0 でも 1 でもよいことを示す．また，右の表のように簡単に表記することもしばしば行われる．これらの表は，選択信号 (S) の値に応じて対応する入力 i_0 または i_1 が出力

---

[1]　これに対して，出力が入力と回路の内部状態によって決まる回路を順序回路とよぶ．詳細は第 5 章で述べる．

されることを示している．この論理回路は図 3.2 のようになる．図(a)は基本論理回路を用いて構成した図，図(b)はそれをブラックボックス化した図(ブロック図)である(以下同様)．ブロック図の入力側の 0, 1 は，S の値に対応している．図(a)の動作は，以下のようになる．

選択信号が $S = 0$ なら，上側の AND ゲートの出力は i_0 で下側の AND ゲートの出力は 0 となるので，出力 o は i_0 となる．

同様にして $S = 1$ のとき，出力 o は i_1 となる．

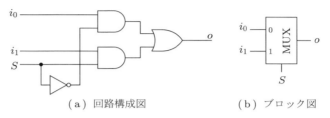

(a) 回路構成図　　(b) ブロック図

図 3.2　2 入力マルチプレクサ

デコーダは，n 個の信号線のうち指定した一つの信号線を真(1)にする回路である．通常 n は 2 のべき乗であり，k-to-2^k デコーダといった書き方をする．一例として 2-to-4 デコーダの真理値表は以下のように与えられ，この回路は，図 3.3 のようになる．真理値表において，d_1, d_0 を 2 ビットの 2 進数とみて，その値に対応する出力が 1 となる(たとえば，$d_1 d_0 = 10$ なら $o_2 = 1$ になる)．

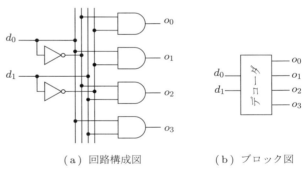

(a) 回路構成図　　(b) ブロック図

図 3.3　デコーダ

もう一つ，論理回路設計で非常に役立つ 3 ステートバッファについて述べる．3 ステートバッファは，図 3.4 の左に示す回路記号で表されるが，右図のスイッチと等価な機能をもつ．入力 ctl が 1 のときスイッチが閉じ，0 のとき開く．これは，1 本の信号線を複数の回路が共有して使う場合に役立つ．このような信号線を**バス**という．バス上に出力できる回路は一時には一つだけであるから，バスを共有する回路の出力回路に 3 ステートバッファを使って，一つの回路の出力のスイッチのみをオンにし，ほかの回路のスイッチはオフにするように制御する．3 ステートバッファの出力は，スイッチがオンのときは入力と等しく 0 または 1 であるが，スイッチがオフのときは，第 3 の状態である**ハイインピーダンス**(記号で Z と書く)となる．真理値表はつぎのようになる．

3ステートバッファ

ctl	A	C
0	X	Z
1	0	0
1	1	1

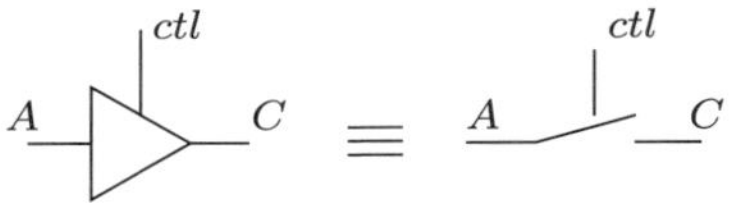

図 3.4 3ステートバッファ

3.2 加算器

数値演算の基本は，加減算である．ここでは，まず，**加算器**の構成について述べる．2進数1桁の加算を論理演算で記述することができれば，加算器を論理回路で構成することができる．2進数1桁の加算は，つぎのようになる．

$$0 + 0 = 0, \quad 0 + 1 = 1, \quad 1 + 0 = 1, \quad 1 + 1 = 10$$

ここで，最後の式では，桁上げが生じて2進数2桁の数値になっている．これらを論理演算として見ることができれば，2進数の数値演算を論理演算として記述することができる．それを行うには，上式をつぎのように書き直す．

$$0 + 0 = 00, \quad 0 + 1 = 01, \quad 1 + 0 = 01, \quad 1 + 1 = 10$$

右辺は2桁の2進数であるが，これを桁上げを表す論理変数と，和を表す論理変数の組とみる．また，左辺は2進数1桁を表す論理変数とみる．したがってこの式は，たとえば，論理0と論理1の和は，桁上げが論理0で和が論理1である，と読むことができる．このような読み替えで，2進数の加算を論理演算に置き換えることができる．そして，つぎのような真理値表が得られる．ここで，a, b は被加数と加数に対応する論理変数であり，s は和，c は桁上げを表す論理変数である．

半加算器

a	b	s	c
0	0	0	0
0	1	1	0
1	0	1	0
1	1	0	1

この表から，和と桁上げの論理式をつくるのは容易である．和が1になるのは入力が $a = 0$ かつ $b = 1$ の場合，または $a = 1$ かつ $b = 0$ の場合であるから，それをそのまま論理式にすればよい．具体的には，$a = 0$ かつ $b = 1$ のときに値が1となる論理式は $\bar{a} \cdot b$ であるから，和を表す論理式は

$$s = \bar{a} \cdot b + a \cdot \bar{b} = a \oplus b$$

となる．すなわち，排他的論理和として与えられる．同様にして，桁上げの論理式は，

$$c = a \cdot b$$

となる．すなわち，論理積として与えられる．

この加算は下位の桁からの桁上げを考慮していない．そのため，この加算を行う回路を**半加算器**（half adder, HA）という．

それでは，下位の桁からの桁上げを考慮した場合の加算はどうなるであろうか？下位からの桁上げを c_{in}，上位への桁上げを c_{out} として，a, b, c_{in} の値の組合せに対する s と c_{out} の値を決めればよい．それをつぎの表に示す．

全加算器

a	b	c_{in}	s	c_{out}
0	0	0	0	0
0	0	1	1	0
0	1	0	1	0
0	1	1	0	1
1	0	0	1	0
1	0	1	0	1
1	1	0	0	1
1	1	1	1	1

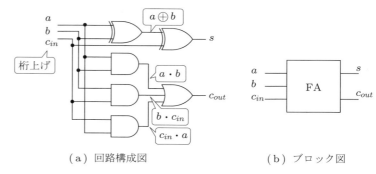

（a）回路構成図　　（b）ブロック図

図 3.5　全加算器

この表は，たとえば，$a=1$, $b=1$, $c_{in}=1$ なら $1+1+1=11$ であるから，和が 1，桁上げが 1 であるというように読む．

この表から，和と桁上げの論理式を求める．s と c_{in} が 1 になる入力の組合せはそれぞれ 4 箇所あるので，

$$s = \bar{a} \cdot \bar{b} \cdot c_{in} + \bar{a} \cdot b \cdot \overline{c_{in}} + a \cdot \bar{b} \cdot \overline{c_{in}} + a \cdot b \cdot c_{in}$$
$$= a \oplus b \oplus c_{in} \tag{3.1}$$

$$c_{out} = \bar{a} \cdot b \cdot c_{in} + a \cdot \bar{b} \cdot c_{in} + a \cdot b \cdot \overline{c_{in}} + a \cdot b \cdot c_{in}$$
$$= a \cdot b + b \cdot c_{in} + c_{in} \cdot a \tag{3.2}$$

となる．これらの論理式を論理回路に置き換えた図を図 3.5 に示す．この回路を**全加算器**（full adder, FA）という．

全加算器 n 個を使って，2 進数 n 桁の加算を行うことができる．全加算器は，当該桁の 2 数および下位からの桁上げを加えて，当該桁の和と上位桁への桁上げを生成するから，これを図 3.6 のように直列的に接続すればよい．最下位桁の c_{in} 入力には（下位からの桁上げはないから）0 を与えればよい．この構成で，n 桁の 2 進数の和の計算ができる．この加算器は，

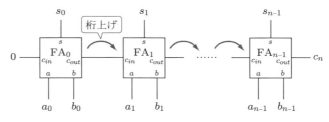

図 3.6　2 進数 n 桁の加算器

桁上げ(キャリー)が下位の桁から上位の桁に向かってさざ波(リップル)のように伝播していくところから，**リップルキャリー型加算器**とよばれている．

3.3 減算器

減算器は，2の補数器と加算器で実現できることを 2.2.2 項で述べた．2の補数器は，各ビットを反転して1を加えればよかった．そこで，減算器は，前節の加算器を用い，その加数側の入力には，減数のビット反転したものを与えるように構成する．そして，1を加える操作には，最下位ビットの加算器の桁上げ入力を利用する（1を入力する）．

これで減算器が構成できるが，少し工夫すると，加算と減算を共通回路として構成できる．そのためには XOR 回路を利用して，図 3.7 に示す構成にする．図において，ADDER は図 3.6 に示した n 桁の加算器であり，b 側入力には XOR 回路が入っている．XOR 回路の一方の入力は b_i であり，他方は $\overline{add/sub}$ 信号である．$\overline{add/sub}$ 信号は，加算のとき 0，減算のとき 1 となるように制御する．そうすると，ADDER の c_{in} には期待する入力が与えられる．また，XOR 回路の出力は，加算のとき b_i，減算のとき $\overline{b_i}$ が出力され，ADDER への期待する入力となる．

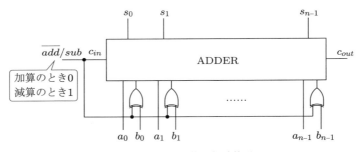

図 3.7　2進数 n 桁の加減算器

3.4 ALU

ALU は Arithmetic Logic Unit の頭字であり，**算術論理演算ユニット**である．これは，コンピュータの演算の中心となる加算，減算，論理和，論理積などの演算を実行する回路である．ここでは，この四つの演算を行う ALU の構成例を示す（図 3.8，図 3.9 参照）．図 3.8 は 1 ビット分の構成を示し，図 3.9 はそれを n 個つないで n ビット ALU を構成した例を示している[1]．制御信号と演算種別は，つぎのように対応している．

---

[1] 実際の ALU は，豊富な演算機能をもっている．たとえば，テキサスインスツルメンツ社から出ている SN74181 という IC は，少々古い IC ではあるが，算術論理演算を行う IC である．これは 48 種類の演算ができ，制御信号の数は 6 本ある．

制御信号と演算種別の対応

ctl_1	ctl_0	演算
0	0	論理和
0	1	論理積
1	0	加算
1	1	減算

図 3.8 で，マルチプレクサは，3.1 節で説明したように，制御入力に与えた信号（00 〜 11）に対応する入力からのデータを出力する論理回路である．また，図 3.9 (a) で最下位ビットの c_{in} に ctl_0 制御線が接続されていることに注意してほしい．これは，表からわかるように，加算では 0，減算では 1 になる制御線である．図 3.9 (b) において，信号線に斜線 \ と数字 n が記述してあるところは，信号線を n 本まとめて表示していることを示す．

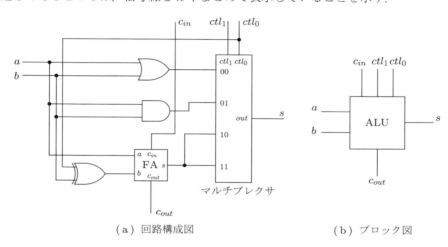

(a) 回路構成図　　(b) ブロック図

図 3.8　1 ビット ALU の構成

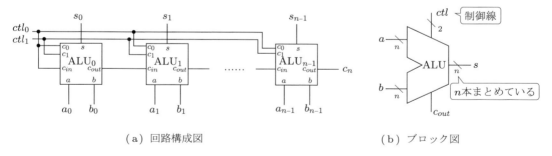

(a) 回路構成図　　(b) ブロック図

図 3.9　n ビット ALU の構成

ハードウェアでは演算結果のほかに，結果フラグとよぶ付加情報を提供する．これは，条件分岐命令などで使用される情報であり，演算結果がゼロ，負，桁上げ，オーバーフローの各フラグがある．これらの実現は，以下のようにすればよい．

- ゼロ：演算結果を n 入力 NOR 回路に入力することで検出できる．
- 負：2 の補数表示ならば，最上位ビットの値である．

- 桁上げ：c_n である．
- オーバーフロー：符号なし数の場合は桁上げフラグで判定でき，2 の補数表示の場合は，表 2.2 の判定を行う回路を，最上位ビットの ALU に付け加える．

3.5 桁上げ先見加算器

リップルキャリー方式の加算器は，桁上げ信号が下位ビットから上位ビットに向かって逐次的に伝播するので，時間がかかる[1]．そこで，下位ビットからの桁上げを先読みして，最上位ビットに桁上げがあるかないかを判定することができれば，加算時間の短縮が可能となる．これを実現する方式として，**桁上げ先見**(キャリールックアヘッド)**方式**がある．

全加算器の桁上げ出力の論理式は，式 (3.2) より

$$c_{out} = a \cdot b + a \cdot c_{in} + b \cdot c_{in}$$

で与えられた．FA_i への入力 a, b と桁上げ入力を添え字 i をつけて表し，上式をつぎのように書く．

$$c_{i+1} = a_i \cdot b_i + a_i \cdot c_i + b_i \cdot c_i$$

FA_0 と FA_1 について具体的に書くと，

$$c_1 = a_0 \cdot b_0 + a_0 \cdot c_0 + b_0 \cdot c_0 \tag{3.3}$$

$$c_2 = a_1 \cdot b_1 + a_1 \cdot c_1 + b_1 \cdot c_1 \tag{3.4}$$

となる．式 (3.3) を式 (3.4) に代入して，

$$\begin{aligned}c_2 &= a_1 \cdot b_1 + a_1 \cdot (a_0 \cdot b_0 + a_0 \cdot c_0 + b_0 \cdot c_0) + b_1 \cdot (a_0 \cdot b_0 + a_0 \cdot c_0 + b_0 \cdot c_0) \\ &= a_1 \cdot b_1 + a_1 \cdot a_0 \cdot b_0 + a_1 \cdot a_0 \cdot c_0 \\ &\quad + a_1 \cdot b_0 \cdot c_0 + b_1 \cdot a_0 \cdot b_0 + b_1 \cdot a_0 \cdot c_0 + b_1 \cdot b_0 \cdot c_0\end{aligned} \tag{3.5}$$

を得る．式 (3.5) を見ると，c_2 は a_0, b_0, a_1, b_1, c_0 で表されることがわかる．同様にして $c_3, \ldots, c_n$ をつくると，それぞれが a_i, b_i, c_0 で表されることがわかる．

このように構成すると，c_i を表す式は積項の和という形で記述できるので，対応する論理回路は，多数の AND ゲートの出力を OR ゲートでつないだ構成になる．したがって，a_i などの入力から c_i の出力までに二つのゲートを通るだけなので，高速動作が期待できる．しかし，積項の数は i のべき乗で増えていくので，i が大きくなると実現が難しい[2]．

そこで，妥協点を探り，ゲート数がそこそこに抑えられて，そこそこ高速に動作する構成，いわゆるエンジニアリング・ソリューションを考える．まず，$g_i = a_i \cdot b_i, p_i = a_i + b_i$ とおく．すると，$c_{i+1} = a_i \cdot b_i + a_i \cdot c_i + b_i \cdot c_i$ は，$c_{i+1} = g_i + p_i \cdot c_i$ と書ける．ここで，g_i と p_i の意味を考えてみよう．g_i が 1 だと c_{i+1} が 1 となる．これは桁上げが生成 (generate) さ

---

[1] ゲート回路は電子回路であり，入力が与えられて出力が確定するまでにはある程度の時間がかかる．これをゲート遅延時間という．
[2] 実際，c_i の式の積項の数を n_i とすると，$n_i = 2^{i+1} - 1$ となる．なぜなら，積項の数は，$n_1 = 3, n_i = 1 + 2n_{i-1}$ という漸化式で記述できるからである．

れることを意味する．また，p_i が 1 だと，c_i が 1 のとき c_{i+1} が 1 になる．つまり，p_i は c_i を c_{i+1} に伝播（propagate）させることを意味する．もう一つ，g_i と p_i は a_i と b_i の論理式（c_i が入ってない）であることを注意しておく．

つぎにこの式を利用して，4 ビットの加算器を考える．桁上げ出力はつぎのように書ける．

$$c_1 = g_0 + p_0 \cdot c_0 \tag{3.6}$$

$$c_2 = g_1 + p_1 \cdot c_1 = g_1 + p_1 \cdot g_0 + p_1 \cdot p_0 \cdot c_0 \tag{3.7}$$

$$c_3 = g_2 + p_2 \cdot c_2 = g_2 + p_2 \cdot g_1 + p_2 \cdot p_1 \cdot g_0 + p_2 \cdot p_1 \cdot p_0 \cdot c_0 \tag{3.8}$$

$$c_4 = g_3 + p_3 \cdot c_3 = g_3 + p_3 \cdot g_2 + p_3 \cdot p_2 \cdot g_1 + p_3 \cdot p_2 \cdot p_1 \cdot g_0$$
$$+ p_3 \cdot p_2 \cdot p_1 \cdot p_0 \cdot c_0 \tag{3.9}$$

4 ビット加算器では，c_4 が桁上げ出力となる．これを図示してみる．まず，図 3.10 (a) の全加算器を図 (b) のように書き換える．そして，上の式 $c_1 \sim c_4$ を論理回路で記述したものを，図 3.11 のように書く．これを CLA4 と表す（G_0，P_0 の意味はこの後すぐに述べる）．式の形からわかるように，図の箱の中は入力から出力まで最大二つのゲートを通過するだけである．これらを結びつければ，図 3.12 (a) のような 4 ビットの桁上げ先見加算器が得られる．ここで注意すべきことは，$c_1 \sim c_4$ は $a_i, b_i, c_0, (i = 0, 1, 2, 3)$ から決まるので，リップルキャリー型のように長い伝播遅延を要しないことである．出力 s_i も同様である．この加算器を CADR4（図 (b)）と表す．

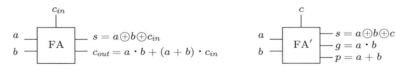

(a) 全加算器 (b) 変形した全加算器

図 3.10 全加算器

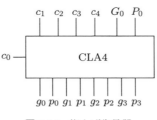

図 3.11 桁上げ先見器

つぎに，c_4 の式 (3.9) をつぎのように書き換える．

$$P_0 = p_3 \cdot p_2 \cdot p_1 \cdot p_0$$
$$G_0 = g_3 + p_3 \cdot g_2 + p_3 \cdot p_2 \cdot g_1 + p_3 \cdot p_2 \cdot p_1 \cdot g_0$$
$$c_4 = G_0 + P_0 \cdot c_0$$

P_0 は c_0 の伝播を意味し，G_0 は 4 ビット加算器の桁上げ生成を意味する．図 3.11 と図 3.12

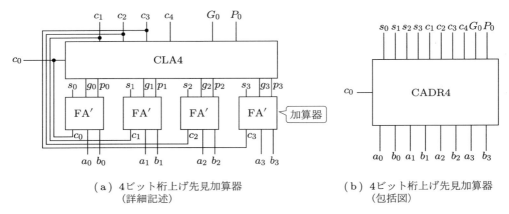

(a) 4ビット桁上げ先見加算器
（詳細記述）

(b) 4ビット桁上げ先見加算器
（包括図）

図 3.12　4 ビット桁上げ先見加算器

の P_0 と G_0 は，これを表している．さて，この 4 ビット加算器を四つ接続する．それぞれの 4 ビット加算器の桁上げ出力を大文字の C_i と書く．すると，前と同じように

$$C_1 = G_0 + P_0 \cdot c_0$$
$$C_2 = G_1 + P_1 \cdot C_1$$
$$C_3 = G_2 + P_2 \cdot C_2$$
$$C_4 = G_3 + P_3 \cdot C_3$$

を得る．これを展開して，

$$C_1 = G_0 + P_0 \cdot c_0$$
$$C_2 = G_1 + P_1 \cdot G_0 + P_1 \cdot P_0 \cdot c_0$$
$$C_3 = G_2 + P_2 \cdot G_1 + P_2 \cdot P_1 \cdot G_0 + P_2 \cdot P_1 \cdot P_0 \cdot c_0$$
$$C_4 = G_3 + P_3 \cdot G_2 + P_3 \cdot P_2 \cdot G_1 + P_3 \cdot P_2 \cdot P_1 \cdot G_0 + P_3 \cdot P_2 \cdot P_1 \cdot P_0 \cdot c_0$$

を得る．この式は，大文字/小文字の違いを除けば，式(3.6)〜(3.9)と同じである．すなわち，この桁上げ計算に図 3.11 の回路が使えることがわかる．そして，16 ビット加算器が構成できることがわかる．その構成図を図 3.13 に示す．同様の構成をすれば，16 ビット加算器を四つと，桁上げ先見器(CLA4)を一つ使って 64 ビットの加算器が構成できる．また，32 ビット加算器は，16 ビット加算器を二つと桁上げ先見器を一つ使って構成できる．この場合は，C_2 出力を最上位ビットからの桁上げ信号として使う．

桁上げ先見加算器において，入力 c_0 から桁上げ出力(CLA4 の出力 c_4)までに最大いくつのゲートを通るだろうか？ 全加算器の出力 p_i, g_i は入力 c_i に依存しないので，桁上げ先見器(CLA4)の最大通過ゲート数で決まる．CLA4 の最大通過ゲート数は 2 であるから，16 ビット加算器では，CLA4 を 2 個分，すなわち最大四つのゲートを通過する．64 ビット加算器では最大六つのゲートを通過する．一方で，リップルキャリー型加算器は，全加算器一つあたり最大二つのゲートを通過するから，n ビット加算器では，最大 $2n$ 個のゲートを通過する．このことから，桁上げ先見加算器の高速性がわかる．

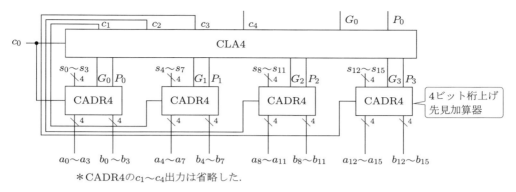

図 3.13　16 ビット桁上げ先見加算器

第3章のポイント

本章では，コンピュータの構成要素である論理回路について概要を学んだ．

- 基本論理回路は否定，論理和，論理積の各回路である．論理和否定，論理積否定，排他的論理和の各回路も基本論理回路に含める．
- デコーダやマルチプレクサなどの組合せ回路は，基本論理回路から構成される．
- 加算器には半加算器と全加算器がある．全加算器を n 個直列的に接続して，n ビットのリップルキャリー型加算器が構成できる．
- 2 の補数器と加算器を使って減算器を構成できる．
- 加減算・論理演算を行う算術論理演算器が構成できる．
- 加算の演算効率を上げるためには，桁上げの処理を効率よくする必要がある．桁上げ先見器を用いて，高速加算回路を構成することができる．

なお，四則演算としては，このほかに乗算器と除算器について述べておかなければならない．入門書としての性格上，これらについては本章で述べることは控え，付録で示すこととする．必要に応じて読んでいただきたい．

演習問題

3.1　排他的論理和回路を NOT, AND, OR 回路だけで構成せよ．

3.2　2 変数の論理関数は全部で何通りあるか．

3.3　4 入力のマルチプレクサを基本論理回路を用いて設計せよ．

3.4　半加算器を用いて全加算器を構成せよ．

3.5　2 の補数表示された数の加算におけるオーバーフローの論理式を示せ．

3.6 NOT 回路の遅延時間を 1 単位時間とすると，2 入力の AND と OR 回路の遅延時間はほぼ 2 単位時間となる．n 入力の AND と OR 回路の遅延時間は $1 + \log_2 n$ 単位時間と仮定する．このとき，n ビットのリップルキャリー型加算器と桁上げ先見加算器の演算時間を求めよ．

第4章

記憶装置

keywords

クロック，フリップフロップ，同期，レジスタ，メモリ，アドレス，読出し専用メモリ(ROM)，ランダムアクセスメモリ(RAM)，スタティックRAM，ダイナミックRAM

　命令やデータを記憶する装置は広範囲にわたって使用される．ここでは，キャッシュメモリやメインメモリに使用される記憶装置(メモリ装置)，および高速記憶装置(レジスタ)について述べる．ディスク装置などの外部記憶装置は，第11章で述べる．

　コンピュータを構成するうえで，記憶装置は不可欠である．記憶装置に要求される条件は，読出し・書込みが高速であること，および大容量であることであるが，相反する条件であるため，両者を同時に満たす記憶装置をつくることは困難である．そこで，高速ではあるが容量の小さいレジスタと，低速ではあるが容量の大きいメモリを使い分けて，コンピュータを構成することになる．

4.1 フリップフロップ

　レジスタやメモリは，情報を記憶する装置である．それは，情報を保持する機能をもっているということを意味する．論理回路でそのような機能を実現するには，**フリップフロップ**という回路を利用する．フリップフロップは，オンとオフの二つの状態をもつが，外部から信号が加わらなければ，オンかオフのどちらか一つの状態にあり，その状態を維持する．この性質が，記憶回路に使われるのである．1個のフリップフロップで，1ビットの情報を記憶することができる．

　フリップフロップには，RSフリップフロップ，Dフリップフロップ，Tフリップフロップ，JKフリップフロップの4種類があるが，ここでは，Dフリップフロップの構成と動作を説明する．ここで説明するフリップフロップは，クロック信号に基づいて動作する回路なので，まずクロックについて説明する．**クロック**とは，図4.1に示す矩形波(方形波)であり，論理回路の動作基準を与える信号である．縦軸は電圧である．クロックが0から1に変化した時点からつぎに0から1に変化した時点まで(あるいは，1から0に変化した時点から，つ

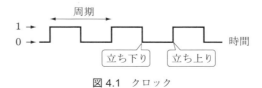

図 4.1　クロック

ぎに1から0に変化する時点まで)を**周期**という．また，0から1への変化をクロックの**立ち上り**といい，1から0への変化をクロックの**立ち下り**という．クロックの立ち上り(立ち下り)を基準として動作する回路を，クロックに**同期**して動作する回路という．同期回路は，クロックの立ち上り(立ち下り)ごとに所定の動作を繰り返す．

Dフリップフロップ回路を考える前に，その基本要素となるDラッチについて説明しよう．図4.2に示す回路は**Dラッチ**とよばれる回路である．DとCLKが入力，Qと$\overline{Q}$が出力である．Qと$\overline{Q}$は反転の関係にある．この回路は，CLKが1の間は，入力Dがそのまま出力Qとなり，CLKが0の間は，CLKが1の期間に入力された値が継続して出力されるという動作をする．通常，入力Dは，CLKが1の間は変化してはいけないという制約が課せられ，以下ではその制約に従うものとする．

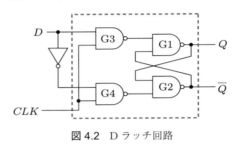

図 4.2 Dラッチ回路

Dラッチの動作を詳しく見てみよう．$CLK=1$, $D=1$なら，G3, G4の出力はそれぞれ0, 1となる．その結果，G1の出力が1となり，G2の出力が0となる．その後，入力が変化しない間は，その出力が継続する．また，$CLK=1$, $D=0$なら，同じように回路を追って，$Q=0$, $\overline{Q}=1$となることがわかる．

つぎに，CLKが1から0に変わった直後を考えてみよう．この場合，G3, G4の出力はともに1となる．以下では，$D=1$の場合について説明する．$D=1$のときは，G3の出力が0から1に変化する．しかし，その変化が起こってもG1, G2の出力は変化せず，CLKが1であったときの値が継続する．一方で，CLKが0のときは，その間にDの値が変化しても，G3, G4の出力は変化しないから，Q, $\overline{Q}$の値は変わらない．このように，ラッチは$CLK=1$のとき動作し，そのときのDの値を取り込んで出力するという機能をもっている．

Dフリップフロップは，Dラッチ(図4.2の破線で囲んだ部分)を二つ使って図4.3のように構成される．これは**マスタースレーブ型**のDフリップフロップとよばれる[1]．中央の破線より左がマスター，右がスレーブである．マスターには$\overline{CLK}$が入力され，スレーブにはCLKが入力される点に注意されたい．これは，$CLK=0$の期間でマスターが動作し，$CLK=1$の期間でスレーブが動作することを意味する．したがって，$CLK=0$のときにDの値がマスターに取り込まれ，$CLK=1$のときにマスターの出力がスレーブに取り込まれる．$CLK=0$の期間は，スレーブは以前の値を保持する．図4.4に動作例を示す(信号Qの破線の部分は，この図には表していない過去の入力値Dから決められたことを示している)．

このように，直前のクロック周期で取り込まれたDの値を現在のクロック周期に出力するという機能を有することから，このフリップフロップはD (Delayed)フリップフロップと

[1) このような構成にするのは発振を防ぐためであるが，詳細は論理回路の専門書にゆずる．

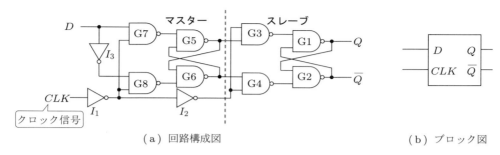

(a) 回路構成図　　　　　　　　(b) ブロック図

図 4.3　D フリップフロップ回路 (マスタースレーブ型)

名づけられている．この図のように，横軸に時間，縦軸に信号の変化を示す図を**タイミングチャート**という．この動作を真理値表で記述すると，つぎのようになる．この表は，時刻 n で $CLK = 0$ のときの D の値が取り込まれて時刻 $n+1$ で Q に出力され，$CLK = 1$ のときの D の値は出力に影響しないことを意味している．

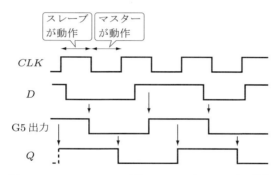

CLK	D	Q_{n+1}
0	0	0
0	1	1
1	0	Q_n
1	1	Q_n

D フリップフロップ

図 4.4　マスタースレーブ型 D フリップフロップの動作

クロックが変化するタイミング（立ち上りまたは立ち下りの微小時間）で入力 D が取り込まれて，その値が出力される D フリップフロップがある．これを**エッジトリガー型** D フリップフロップという．このうち，クロックの立ち上りで動作するものを**ポジティブエッジトリガー型**，立ち下りで動作するものを**ネガティブエッジトリガー型**という．エッジトリガー型 D フリップフロップでは，クロック変化の前後の指定された微小時間範囲は入力 D の変化が

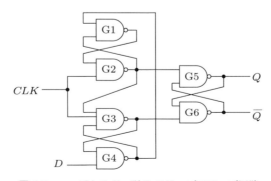

図 4.5　エッジトリガー型 D フリップフロップ回路

禁止される．クロック変化前の指定時間を**セットアップタイム**（setup time），クロック変化後の指定時間を**ホールドタイム**（hold time）という．ポジティブエッジトリガー型 D フリップフロップの回路構成を図 4.5 に，その動作例を図 4.6 に示す．クロックの立ち上り（↑）時点の入力 D（○の部分）が取り込まれ，Q に出力される．

ポジティブエッジトリガー型 D フリップフロップの真理値表はつぎのようになる．

ポジティブエッジトリガー型 D フリップフロップ

CLK	D	Q_{n+1}
↑	0	0
↑	1	1
その他	X	Q_n

↑ はクロックの立ち上り．
X は任意の値（0 または 1）．

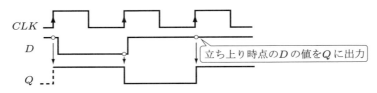

図 4.6 エッジトリガー型 D フリップフロップの動作

D フリップフロップの入力 CLK は，入力 D を取り込むタイミングを与える入力であり，いつでもクロック信号を与えなければならないというわけではない．取り込む必要があるときに 0 から 1 に変化する信号を入力 CLK に与えれば，その時点の入力 D の値を保持できる．このことから，D フリップフロップは 1 ビットの記憶素子として使うことができる．

以降，D フリップフロップはマスタースレーブ型，エッジトリガー型にかかわらず，図 4.3 (b) の記号を使って表示する．

4.2 レジスタ

レジスタ（register）は，図 4.7 に示すようにフリップフロップを並べて構成される．図は D フリップフロップを n 個用いて構成した例であり，n ビットのデータを記憶できる．CLK 信号は共通で与えられるので，n ビットのデータが一斉に取り込まれる．D フリップフロップは，マスタースレーブ型，エッジトリガー型いずれでもよい．

レジスタファイルは k 個のレジスタをまとめた装置であり，レジスタの番号（レジスタアドレスという）を指定することにより，該当番号のレジスタの読み書きができる．典型的なレジスタファイルの構成を図 4.8 に示す．この図は 4 ビットのレジスタを 4 個まとめたレジスタファイルである．図において破線で囲まれた内部が，レジスタファイルである．破線の外側は入出力線であり，外部とのインタフェースとなる．また，同名の信号線はつながっている．たとえば，破線の外側の ra0 線と 4-to-1 MUX の手前の ra0 線はつながっている．図において，4 bit reg と書かれた箱は図 4.7 に示したレジスタである（D フリップフロップは

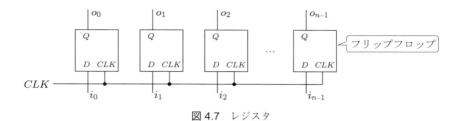

図 4.7　レジスタ

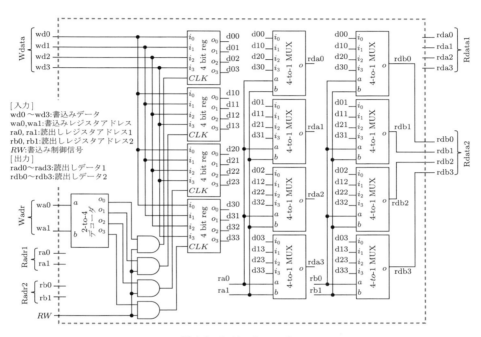

図 4.8　レジスタファイル

ポジティブエッジトリガー型とする）．通常，レジスタファイルは二つのレジスタを同時に読み出すことができる構成になっている．レジスタファイルの動作は，以下のようになる．

- 読出し：読出しレジスタアドレス（ra0,ra1,rb0,rb1）を外部から与えると，指定されたレジスタの内容（rda0〜rda3, rdb0〜rdb3）が出力される．
- 書込み：書込みデータ（wd0〜wd3）と書込みレジスタアドレス（wa0, wa1）を与えると，2-to-4 デコーダを通して書込みレジスタが選択され，RW（Register Write）信号により書込みが行われる．

RW は書込み制御信号であり，RW を $1 \to 0 \to 1$ と変化させることにより，0 から 1 へ変化するタイミングで入力データ（wd0〜wd3）が指定のレジスタに書き込まれる．なお，図 4.8 において，{ で束ねた信号線の呼称（Wdata など）は，第 7 章で使用する呼称である．

4.3 メモリ

　レジスタファイルは，非常に小規模なメモリである．プログラムやデータを記憶させるには，レジスタファイルでは不十分であり，容量の大きいメモリが必要になる．以下では，メモリの構造を説明する．まず，用語を述べる．記憶要素を**メモリセル**とよぶ．メモリセルには 1 ビットの情報を記憶できる．n 個のメモリセルに 0 から $n-1$ までの番号を付ける．メモリセルは，この番号で指定する．この番号を**アドレス**とよぶ．メモリアドレスというときは，与えられた番号をもつメモリセルを指す．メモリの読み書きを**メモリアクセス**ともいう．

　メモリは，**読出し専用メモリ**（ROM）と**ランダムアクセスメモリ**（RAM）に分類される．RAM は**スタティック RAM**（SRAM）と**ダイナミック RAM**（DRAM）に分類される．以下では，SRAM と DRAM の構造を説明する．

◆コラム　〈K，M，G，T，P〉

　最近のコンピュータは，高速大容量になっている．言うまでもなく，高速とは動作周波数が高くなっていること，大容量とはメモリ容量やディスク容量が大きくなっていることを示す．そこに出てくる K（キロ），M（メガ），G（ギガ），T（テラ），P（ペタ）は数を表しているが，動作周波数と容量で意味が異なり，つぎのようになる．

記号	動作周波数	容量
K	10^3	$2^{10} = 1,024$
M	10^6	$2^{20} = 1,048,576$
G	10^9	$2^{30} = 1,073,741,824$
T	10^{12}	$2^{40} = 1,099,511,627,776$
P	10^{15}	$2^{50} = 1,125,899,906,842,624$

4.3.1　スタティック RAM

　メモリの読み書きとは，メモリアドレスを指定して，そのセルに読み書きを行うことである．メモリアドレスが与えられて該当するセルを指定するには，3.1 節で示したデコーダが使われる．n 個のメモリセルを一列に並べて指定する方法では，デコーダの規模が大きくなりすぎて実用的でない．そこで，メモリセルを 2 次元格子状に並べて配置し，デコーダのハードウェア量を減らす工夫がされる[1]．図 4.9 にその構成を示す．図は，2^{16} 個のメモリセルを 256×256 に配置した 1 ビット × 64 K 構成のメモリ例である．メモリアドレス（$A_0 \sim A_{15}$，16 ビットの 2 進数）を与えると $A_0 \sim A_7$ が左側デコーダに入力されて該当する行方向のメモリセルが選択され，$A_8 \sim A_{15}$ が右側のデコーダに入力されて該当する列方向のメモリセルが選択される．たとえば，アドレス 0 にアクセスする場合，左側のデコーダの 0 と書かれた出力線が 1 となり，また，右側のデコーダも同様に 0 と書かれた出力線が 1 となり，左上のメモリセルが選択される．

---

[1] 正方形の配列である必然性はない．

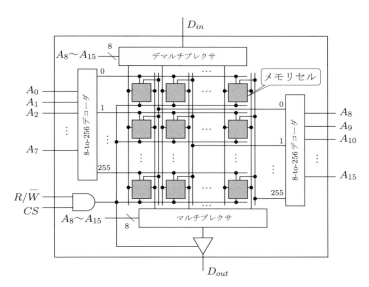

図 4.9　64 K ビットメモリの構成

メモリセルは，図 4.10 に示す構成である．この図は，動作を説明するための論理的な図であり，実際のメモリはより少ないゲートで構成される．メモリセルには，D フリップフロップが一つある．ここでは，図 4.3 に示すマスタースレーブ型としておく．$SelRow$ と $SelCol$ によりセルが選択される．これらは，図 4.9 のアドレスのデコーダの出力線につながっており，指定されたアドレスのメモリセルが選択されることになる．

このセルへの書込みは，このセルを選択し，D_{in} にデータを与え，$R/\overline{W}$ 信号を $1 \to 0 \to 1$ と変化させることにより行われる（詳細後述）．また，読出しは，このセルを選択し，$R/\overline{W}$ 信号を 1 とすれば，3 ステートバッファを通してデータ D_{out} が出力される．

図 4.9 の CS は Chip Select 信号とよばれるが，これはこのメモリチップ（IC）が選択されたとき 1 となる信号である[1]．デマルチプレクサ[2]は D_{in} を A_8〜A_{15} によって選択された列

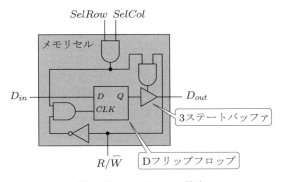

図 4.10　メモリセルの構成

---

1) CS 信号は，メモリ IC を多数使って大容量メモリをつくるときに必要になる．
2) デマルチプレクサは，入力をいずれかの出力線に出力する回路である．図 4.9 のデマルチプレクサでは，上側が入力 D_{in}，下側が出力であり，左側から与えられる選択信号 A_8〜A_{15} の値に対応する出力線に入力をそのまま出力する．選択された出力線以外の出力線には 0 が出力される．

の各セルの入力線に分配する．列方向のセルは，出力線を共有している．メモリセル内の3ステートバッファが，出力が衝突しないように排他制御を行っている．

このメモリを8個使って，図4.11に示す64Kバイトのメモリが構成できる．図においてMEMと書かれた箱は，図4.9に示したメモリである．アドレスやデータの信号線に付随する数字は，線の数を表す．このメモリでは，アドレスを与えると8ビットのデータがアクセスされる．

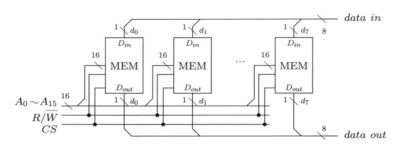

図4.11　64Kバイトメモリの構成

図4.11のメモリへのデータの書込みは，図4.12(a)に示す手順で行われる．以下に図の見方を示す．左から右に向かって時間が進む．アドレスやデータのように，複数の信号線をまとめて書く場合は，2本の線で幅をもたせて書く．線がクロスするところはデータやアドレスの値が変化することを示す．一つのクロスからつぎのクロスまでは値が維持される．

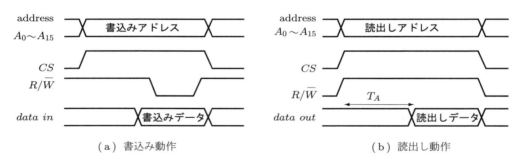

(a) 書込み動作　　　　　　　　(b) 読出し動作

図4.12　書込みと読出し動作

書込み　メモリアドレスを与える．$CS=1$としてこのメモリチップを選択する．data in に8ビットの書込みデータを与える．そして，$R/\overline{W}$信号を図(a)のように与える．$R/\overline{W}=0$の期間に書込みが行われる．$R/\overline{W}=0$の間，書込みデータは変化してはいけない．

読出し　図(b)のように$R/\overline{W}$信号が1の期間に行われる．図でT_Aは，メモリアドレスと制御信号(CS, $R/\overline{W}$)を与えてから，データが出力されるまでの遅れ時間(アクセス時間)である．T_A時間後にdata outが利用可能になる．

4.3.2 ダイナミック RAM

コンデンサは電荷蓄積素子である．充電した状態と放電した状態をそれぞれ 1 と 0 に対応させることで，1 ビットの情報を記憶することができる．これをメモリセルに用いたのが，ダイナミック RAM（DRAM）である．メモリセルの構成を図 4.13 に示す．C は記憶素子のコンデンサ，T はスイッチの役割をするトランジスタである．メモリセルは，ワード線とビット線を介して外部につながる．ワード線は，メモリセルを選択する制御線であり，ビット線は，読み書きデータが流れるデータ線である．ワード線を 1 にするとスイッチが閉じ，ビット線とコンデンサがつながる．ワード線が 0 のときはスイッチが開き，ビット線とワード線は切り離される．このメモリセルへの読み書きはつぎのように行われる．

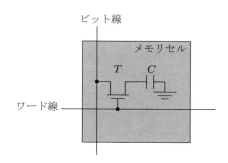

図 4.13 DRAM のメモリセル

■ 書込み 　書き込む情報をビット線に乗せる[1]．ついで，ワード線を 1 にする．ビット線が 1 のときはコンデンサに充電が行われ，反対に 0 のときは放電が行われて，書込みが完了する．

■ 読出し 　ワード線を 1 にする．コンデンサの電圧がビット線に出力される．この値を読み出す[2]．読出しは論理的にはこれだけの操作でよい．しかし，コンデンサの物理的性質上，読出しに伴って放電が起こるので，記憶情報が消えてしまう．そのため，DRAM では読出した値を書き戻すという操作が加わる．

■ リフレッシュ 　トランジスタ T がオフ（スイッチが切れた状態）でも，コンデンサは自然放電をする．何もしないで放置しておくと，時間の経過に伴って情報が喪失してしまう．そのため，一定時間ごとに記憶している情報を読み出して，書き戻すという操作が必要になる．これを**リフレッシュ**という．

---

[1] ビット線には書込み回路が接続されており，その出力が書き込む値となる．読出し時には，書込み回路はビット線から切り離される．図 4.13 のトランジスタを使えば容易に実現できる．
[2] ここの説明は，原理説明である．実際の DRAM に使われるコンデンサは非常に容量が小さいので，読出し時にビット線を十分に駆動することができない．すなわち，読出しはビット線の小さな電圧変化となって現れる．そのため，小さな電圧変化でも記憶情報が 0 か 1 かを判定できる回路（センスアンプという）が実際の DRAM には組み込まれている．

4.3.3 SRAMとDRAMの用途

DRAMは一つのトランジスタと一つのコンデンサでメモリセルが構成されるのに対して，SRAMのメモリセルはフリップフロップを用いて構成される．そのため，DRAMはセルに必要な面積が少なくてすむ．同じチップ面積でSRAMに比べて大容量のメモリをつくることができるため，主記憶などのメモリ素子として用いられる．一方，SRAMは，セルの面積は必要とするが，高速に読み書きができるという特長をもつ．そのため，キャッシュメモリなどのメモリ素子として用いられる．

第4章のポイント

コンピュータのもう一つの構成要素である記憶装置について学んだ．

- 記憶とは，一定の状態を維持するということである．コンピュータでは0と1で世界が成立していることから，フリップフロップが記憶回路として使われる．
- 1個のフリップフロップで1ビットの記憶ができる．これをm個使ってmビットの記憶回路（レジスタ）を構成できる．
- 記憶装置を構成するためには2通りの方法がある．フリップフロップを使う方法と，コンデンサを使う方法である．前者はスタティックRAMとよばれ，後者は，ダイナミックRAMとよばれる．
- ダイナミックRAMでは，コンデンサの充電状態と放電状態を1と0に対応させる．
- 充電されたコンデンサは，放っておけば放電してしまうため，定期的な再充電が必要である．これをリフレッシュという．
- スタティックRAMは，高速アクセスが可能であるが，大容量のものがつくれない．それに対してダイナミックRAMは，アクセス時間はスタティックRAMには劣るが大容量のものがつくれる．

なお，このような特長を利用して，見かけ上，高速で大容量の記憶装置をつくることができる．これについては，第9章で述べる．

演習問題

4.1 RSフリップフロップ(図4.14)は，セット(S)，リセット(R)入力からその名がついている．RSフリップフロップでは，$R=1$，$S=1$なる入力は禁止されている．その理由を検討せよ．

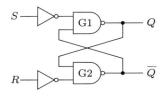

図4.14 RSフリップフロップ

4.2 図 4.5 は，エッジトリガー型の D フリップフロップである．この回路の初期値を図 4.15 のように仮定し，クロックが 0 から 1 に変化した直後の回路の状態を示せ．これを状態 1 とする．状態 1 から少し時間が経過し(同一クロック周期内でクロックが 1 の間とする)，入力 D が 0 から 1 に変化したとき，出力はどうなるか示せ．

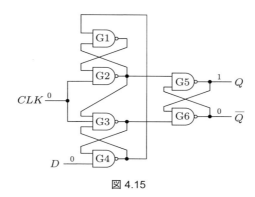

図 4.15

4.3 演習問題 4.2 の D フリップフロップがエッジトリガー型の動作をすることを示せ．

4.4 図 4.11 の D_{in} と D_{out} はともにバスに接続できる．それが可能な理由を説明せよ．

第5章 制御回路の基礎

keywords
状態，状態遷移，入力事象，出力事象，状態遷移図，順序回路，組合せ回路，記憶回路，制御回路

　本章では，計算機を制御する回路の基礎となる順序回路について述べる．ここでは，「状態」という概念が重要な役割を果たす．回路としての状態は，フリップフロップを用いて実現することができる．順序回路は，状態をもつ論理回路である．つまり，フリップフロップを含む論理回路である．制御回路は，ある状態ではこれこれの動作をして別の状態に遷移し，別の状態ではしかじかの動作をしてさらに別の状態に遷移する…，というように，回路の動作を統率する回路である．状態の遷移を表す図を状態遷移図という．制御回路の設計においては，まず，状態遷移図を作成し，ついで，それに対応する動作を行う順序回路を設計するという手順をとる．

5.1 状態と状態遷移

　一つの対象を考える．その対象は，何でもよく，あなたが興味をもっているものでよい．ここでは，自動販売機とする．その自動販売機のいまある姿が状態であるが，それではあまりに漠然としてつかみようがない．そこで，自動販売機に期待する動作を取り出して，その動作を区別するものを**状態**と考える．具体例で見てみよう．

　図5.1のようなジュースの自動販売機を考える．お金の投入口とボタンが二つ（りんごジュースとオレンジジュース），それとジュースの取出口および金額の表示装置のついた簡単なものである．その動作は，お金を入れ，ボタンを押すとジュースが出てくるというものである．お金は100円玉1個のみ入れることができる．

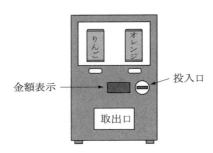

図 5.1 簡単な自動販売機

この自動販売機の動作は，お金が入っている状態と入ってない状態とで区別される．お金がない状態でお金を入れれば，お金が入った状態に変わる．お金が入った状態でボタンを押せば，（ジュースが出て）お金がない状態に変わる．お金がない状態でボタンを押しても，お金がない状態のままである．

このほかにも，ボタンが押された状態，電源が入った状態などいろいろな状態が考えられるが，いま考えている動作を記述するうえで，それらは本質的でない[1]．

さて状態は，お金を入れるとか，ボタンを押すといった事象（イベント）が起こると変化する．この状態の変化を起こす要因を**入力事象**，**入力イベント**あるいは単に**入力**という．自動販売機の例では，お金を入れることが一つの入力イベントであり，ボタンを押すことが別の入力イベントである．

また，状態の変化に付随して発生する事象を**出力事象**，**出力イベント**あるいは単に**出力**という．自動販売機の例では，（お金が入ると）金額を表示することが一つの出力イベントであり，（ボタンが押されると）ジュースを出すことが別の出力イベントである．

状態の変化を図に表したものを**状態遷移図**という．上記の自動販売機を例に，状態遷移図を描いてみよう．まず，この自動販売機の動作を記述するうえで必要な状態，入力，出力をつぎのように決める[2]．

状態：お金のない状態（S_0），100円が入った状態（S_1）
入力：100円を入れる（I_1），りんごボタンを押す（I_2），オレンジボタンを押す（I_3）
出力：100円表示をする（O_1），りんごジュースを出して，0円表示をする（O_2），オレンジジュースを出して，0円表示する（O_3）

状態遷移図は図5.2のようになる．○が状態を表し，矢印が状態の遷移を表す．矢印に付随するのは入力イベントと出力イベントの組（入力/出力で表す）である．これは，矢印の始点の状態にあるとき，入力イベントが発生したら，出力イベントを生成して，矢印の終点の状態に遷移する，と読む．ϕは（入力あるいは出力の）事象がないということを意味する．また，コンマで区切って複数の組を書くこともある．図5.2の自動販売機の例では，状態S_0からS_0への遷移は一つの矢印上に複数の入力/出力を記述する方法で示し，状態S_1からS_0への

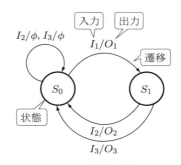

図5.2 状態遷移図

---

[1] 本質的な状態を適切に導出するには，多数の問題にあたって訓練することが必要である．
[2] 厳密には，二つのボタンを同時に押す，といった入力もあるが，ここでは煩雑さを避けるため，そのようなことは発生しないものとする．実際の設計では，そのような場合も考えておく必要がある．

遷移は，二つの矢印で示している．状態遷移図は，各状態において，その状態で発生しうるすべての入力に対して，対応する出力を生成してつぎの状態に移ることを示す必要がある．図 5.2 の例では，お金が入った状態で，さらにお金を入れることはできないとしているので，状態 S_1 で入力 I_1 は発生しない．また，複数の入力が同時に発生することもないとしている．

状態遷移図を表にしたものを**状態遷移表**という．この表は，現在の状態に対して入力が加わると，つぎの状態が何になるか，また，出力はどうなるかを示す表である．図 5.2 の状態遷移表を表 5.1 に示す．この表において — のところは，起こり得ない組合せを表す．また，複数の入力が同時に発生することはないとしているので，可能な入力の組合せはここに示す 3 通りだけである．ただし，次節ではクロックに同期して動作する順序回路を考えるので，入力がない場合の状態遷移もこの表には示してある[1]．

表 5.1 状態遷移表

現状態	次状態				出力			
	無入力	$I_1=1$	$I_2=1$	$I_3=1$	無入力	$I_1=1$	$I_2=1$	$I_3=1$
S_0	S_0	S_1	S_0	S_0	ϕ	$O_1=1$	ϕ	ϕ
S_1	S_1	—	S_0	S_0	ϕ	—	$O_2=1$	$O_3=1$

* 上表で，
- — はその状況が発生しないので，対象外であることを示す．
- 出力の欄で，ϕ は出力がない（$O_1=0, O_2=0, O_3=0$）ことを表す．
  ほかは，1 となる出力のみを示す．

5.2 順序回路

3.1 節で述べた論理回路は，入力を与えると，その値に何らかの論理操作を加えて，結果を出力する回路であった．すなわち，内部状態をもたない回路であった．3.2 節の加算器や 3.3 節の減算器はその典型的な例である．このような回路を組合せ回路とよんだ．これに対して，入力と内部状態に依存して出力の値が決まり，さらに内部状態が更新される回路を**順序回路**とよぶ．図 5.3 にその概念図を示す．図において，記憶回路の部分で状態を実現する．具体的には，4.1 節で述べたフリップフロップを用いて状態を実現する．フリップフロップ一つで二つの状態が実現できる．すなわち，フリップフロップの出力 Q は 0 または 1 の値

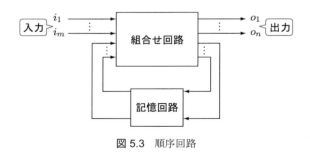

図 5.3 順序回路

---

[1] クロックに同期して動作する同期回路（4.1 節参照）では 1 クロックごとに状態遷移すると考える．そうすると，当該クロックに入力がない場合も考えておかなければならない．

をもつので，これを状態と考えるのである．たとえば，図 5.2 の例なら，フリップフロップ一つを用いて，状態 S_0 を $Q=0$ に対応させ，状態 S_1 を $Q=1$ に対応させる．フリップフロップを n 個用いれば，それぞれのフリップフロップの出力の組合せにより，$(0,0,\ldots,0)$ から $(1,1,\ldots,1)$ までの 2^n 個の状態を実現できる．組合せ回路は，外部からの入力と記憶回路（すなわち状態）からの入力から論理演算結果を出力する．それらの一部は記憶回路の入力となり，状態の更新を行う．

状態の更新を行うタイミングをクロックで与えれば，クロックに同期した動作が実現できる．すなわち，クロックの立ち上り（または立ち下り）で状態遷移を行う順序回路を構成できる．

図 5.2 の状態遷移がクロックに同期して行われる回路を考える．ただし，入力事象（入力が 1 になること）はクロックに同期して 1 クロック期間発生するものとする．たとえば，ボタンを押すという入力事象は，ボタンが押されると，直後の 1 クロック期間発生するものとする[1]．

表 5.1 の状態遷移表に対して，状態 S_0, S_1 をフリップフロップの出力で置き換えると，表 5.2 の状態遷移表を得る．この表は，時刻 t_n で現状態 Q にあるときに入力がある（あるいは，入力がない）と，つぎの時刻 t_{n+1} に次状態 Q' になり，また，時刻 t_n で表の出力の信号を出力する，ということを表す．

表 5.2 状態遷移表

現状態	次状態 Q'				出力
Q	$I_1=I_2=I_3=0$	$I_1=1$	$I_2=1$	$I_3=1$	$I_1=I_2=I_3=0$
0	0	1	0	0	$O_1=0, O_2=0, O_3=0$
1	1	—	0	0	$O_1=0, O_2=0, O_3=0$

出力		
$I_1=1$	$I_2=1$	$I_3=1$
$O_1=1, O_2=0, O_3=0$	$O_1=0, O_2=0, O_3=0$	$O_1=0, O_2=0, O_3=0$
—	$O_1=0, O_2=1, O_3=0$	$O_1=0, O_2=0, O_3=1$

この表をもとに順序回路を構成する[2]．まず，次状態を表す論理式を検討する．次状態が $Q'=1$ になる条件は，現状態が $Q=0$ で入力が $I_1=1$ である場合，または現状態が $Q=1$ で入力がない場合であることが表 5.2 からわかる．それ以外の組合せでは，次状態は $Q'=0$ となる[3]．したがって，つぎの論理式を得る．

$$Q' = I_1 \cdot \overline{Q} + \overline{I_1} \cdot \overline{I_2} \cdot \overline{I_3} \cdot Q = I_1 \cdot \overline{Q} + \overline{(I_1+I_2+I_3)} \cdot Q$$

---

[1] 入力信号が 1 クロック以上継続する場合（ただし，入力信号はクロックに同期して入力されるものとする）でも，D フリップフロップを用いて，下記の回路により実現できる．

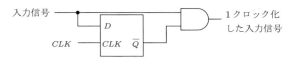

[2] ここでは，順序回路構成の非常に簡単な場合を示し，制御装置の動作の基本を示すにとどめる．順序回路の系統的な設計法など詳細は，論理回路の専門書を参照されたい．

[3] 表 5.2 の — のところは，起こり得ない組合せであるから，0 と考えても 1 と考えてもよい．ここでは 0 とした．

また，出力を表す論理式は，同様にして，つぎのようになる．
$$O_1 = I_1 \cdot \overline{Q}, \quad O_2 = I_2 \cdot Q, \quad O_3 = I_3 \cdot Q$$

状態を記憶するフリップフロップに D フリップフロップ (4.1 節参照) を用いると，現時刻の入力 D が次時刻の出力 Q となるから，上記の Q' の式を入力 D とすればよいことがわかる[1]．これらを総合して，図 5.4 に示す制御回路を得る．

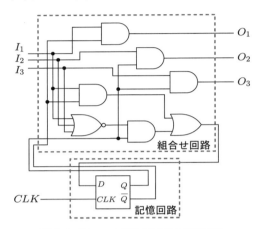

図 5.4　図 5.1 の自動販売機の制御回路

5.3　乗算器の制御回路

繰返し演算型の乗算器は，加算してシフトするという操作を繰り返し実行して積を得るものである．乗算器の演算構成やそのアルゴリズムなどについては付録 A にゆずるが，この節ではこの繰り返し実行を行う制御回路の実現について述べる．

図 A.1 に示す乗算器の制御回路の部分を詳細化した図を図 5.5 に示す．図の破線で囲まれた部分が，図 A.1 の制御回路に対応する．図 5.5 では，繰返し回数をセットするカウンタを明示的に記述している．基本的なカウンタは，クロック入力により 1 クロックごとに値を 1

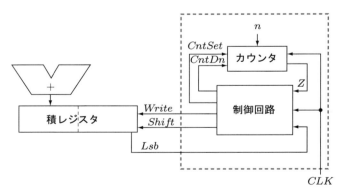

図 5.5　図 A.1 の繰返し制御型乗算器の制御回路

---

1)　詳細については，論理回路の専門書を参照されたい．

増加するが,図のカウンタはダウンカウンタで,$CntDn$ 信号が 1 のとき,CLK 信号により値を 1 減ずる.$CntSet$ 信号は,カウンタの値を初期値(図の場合 n)にセットする.カウンタの値が 0 になると,出力 Z が 1 になる.

繰返し演算型の乗算器の制御の状態遷移図を考えよう.一例を図 5.6 に示す.この図は,A.1.1 項で述べる乗算アルゴリズム M に基づいて構成している.各状態では,つぎのような動作をする.ここでは,クロックに同期して状態遷移を行うものとする.

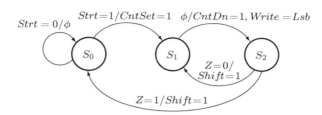

図 5.6 図 A.1 の乗算器制御回路の状態遷移図

- **状態 S_0**:初期状態である.$Strt$ 信号が 1 になるまでこの状態を繰り返す.$Strt$ は乗算の開始信号であり,別に与えられるものとする.また,被乗数が被乗数レジスタに,乗数が積レジスタの下位にセットされてから $Strt$ 信号が与えられるものとする.$Strt$ 信号が 1 になると,カウンタに初期値 n がセット($CntSet = 1$)され,状態 S_1 に遷移する.

- **状態 S_1**:乗算アルゴリズム M の **Step 2-1** に対応する.加算結果を書き込むか否かは,積レジスタの最下位ビットの値(Lsb)に依存する.書込み信号は $Write$ である.したがって,$Write = Lsb$ とすればよい.この状態は,入力信号に関係なく状態 S_2 に遷移する.また,カウンタを 1 減じる($CntDn = 1$).

- **状態 S_2**:**Step 2-2** に対応し,積レジスタを 1 ビット右にシフトする.その信号が $Shift$ である.そして,信号 Z によって,つぎの遷移状態が決まる.$Z = 0$ ならば状態 S_1 に遷移する.$Z = 1$ ならば状態 S_0 に遷移して,乗算終了となる.

状態遷移図ができると,前節で述べた手順に従い制御回路が構成できる.まず,状態遷移表は,表 5.3 のようになる[1].状態数は 3 であるから,フリップフロップ 2 個を用いて状態を割り当てると,表 5.4 を得る.ここでは,状態 S_0, S_1, S_2 をそれぞれ $(0,0), (1,0), (1,1)$ に割り当てた.この表から,状態を制御する論理式として,次の式を得る.

$$Q_0' = Q_1 \cdot \overline{Q_0}$$
$$Q_1' = \overline{Q_1} \cdot \overline{Q_0} \cdot Strt + Q_1 \cdot \overline{Q_0} + Q_1 \cdot Q_0 \cdot \overline{Z}$$

また,出力として,次の式を得る.

---

[1] 状態 S_1 から S_2 への遷移は入力信号に依存しないので,表 5.3 では none と記述している.

表 5.3 乗算器の状態遷移表

現状態	次状態					出力				
	$Strt=0$	$Strt=1$	none	$Z=0$	$Z=1$	$Strt=0$	$Strt=1$	none	$Z=0$	$Z=1$
S_0	S_0	S_1	–	–	–	ϕ	$CntSet$	–	–	–
S_1	–	–	S_2	–	–	–	–	$CntDn$ $Write$	–	–
S_2	–	–	–	S_1	S_0	–	–	–	$Shift$	$Shift$

表 5.4 状態割り当て後の乗算器の状態遷移表

現状態 (Q_1, Q_0)	次状態					出力				
	$Strt=0$	$Strt=1$	none	$Z=0$	$Z=1$	$Strt=0$	$Strt=1$	none	$Z=0$	$Z=1$
$(0,0)$	$(0,0)$	$(1,0)$	–	–	–	ϕ	$CntSet$	–	–	–
$(1,0)$	–	–	$(1,1)$	–	–	–	–	$CntDn$ $Write$	–	–
$(1,1)$	–	–	–	$(1,0)$	$(0,0)$	–	–	–	$Shift$	$Shift$

$$CntSet = \overline{Q_1} \cdot \overline{Q_0} \cdot Strt$$

$$CntDn = Q_1 \cdot \overline{Q_0}$$

$$Write = Q_1 \cdot \overline{Q_0} \cdot Lsb$$

$$Shift = Q_1 \cdot Q_0$$

D フリップフロップを用いることにすれば，上記の論理式から図 5.7 の制御回路を得る．

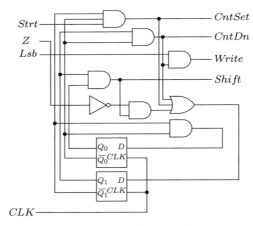

図 5.7　図 5.5 の制御回路の詳細図

制御装置に関する最終的目標は，シーケンサ (sequencer) とよばれる計算機の全体を制御する制御回路を示すことであるが，これについては計算機構成の全体像が見えた後で述べるのが適切であるため，第 7 章の 7.2.2 項で述べることとする．

第5章のポイント

本章では，順序回路の基礎について学んだ．

- 世の中の大概のものは，いまこういう状況でこんな刺激を受けたからつぎはこうする，というように動いている．人間もしかり．複雑なシステムは，まさにそのように記述される．それを図で示したものが状態遷移図である．
- いまある状態にあって，入力が与えられると，それらから決まる仕事をして，つぎの状態に移る．このような動作をする回路を順序回路という．コンピュータは，まさに順序回路の最たるものである．

演習問題

5.1 5.1 節の自動販売器において，100 円が入っている状態でさらに 100 円玉が入ったら，それを受け皿に戻す機構を加えた．お金を戻すという出力事象(O_4)を定義し，図 5.2 を修正せよ．

5.2 ある信号機は，青が 30 秒，黄が 2 秒，赤が 20 秒続き，これを繰り返す．この信号機の状態遷移図を書け．（状態は何か？ 入力イベントは何か？ 出力イベントは何か？）

5.3 5 進カウンタ（000 → 001 → 010 → 011 → 100 → 000 ··· とカウントするカウンタ）の状態遷移表を示せ．

5.4 D フリップフロップを用いて，演習問題 5.3 の 5 進カウンタを構成せよ．

5.5 A.2 節で述べる除算アルゴリズム D を実現するための除算器の制御回路を構成せよ．

第6章

命令セットアーキテクチャ

keywords
命令，命令セット，プログラム内蔵方式，可変長命令，固定長命令，命令形式，演算，オペランド，アドレス空間，機械語，アセンブリ言語，C言語，コンパイル

内積計算を例に，コンピュータの動作を考える．$\boldsymbol{a} = (a_1, a_2, a_3)$, $\boldsymbol{b} = (b_1, b_2, b_3)$ をベクトルとすれば，その内積は $c = a_1 \cdot b_1 + a_2 \cdot b_2 + a_3 \cdot b_3$ で与えられる．a_i, b_i, c を変数とすれば，この計算の一例は，

① 変数 a_1 の値と変数 b_1 の値を乗算して，一時変数 t_1 に代入する．
② 変数 a_2 の値と変数 b_2 の値を乗算して，一時変数 t_2 に代入する．
③ 変数 a_3 の値と変数 b_3 の値を乗算して，一時変数 t_3 に代入する．
④ 一時変数 t_1 の値と一時変数 t_2 の値を加えて，一時変数 t_4 に代入する．
⑤ 一時変数 t_3 の値と一時変数 t_4 の値を加えて，変数 c に代入する．

と表すことができる．注意深く見ると，この計算の各ステップは規則的な形をしており，(乗算(または加算)，代入する変数，一つの変数の値，もう一つの変数の値)と書くことができる．これを $(op, oprd1, oprd2, oprd3)$ と一般化する．ここで，op は**演算**(operation)，$oprd1$ は代入する変数を表し，$oprd2$ と $oprd3$ は演算する変数の値を表す．$oprd$ は**オペランド**(operand, 演算対象あるいは操作対象)の意味である．この四つ組を**命令**とよぶ．これを用いると，上記の計算手順は，

$(mult, t_1, a_1, b_1)$
$(mult, t_2, a_2, b_2)$
$(mult, t_3, a_3, b_3)$
(add, t_4, t_1, t_2)
(add, c, t_3, t_4) 　　　＊ $mult$ は乗算，add は加算を表す．

と書ける．そして，この一連の操作は，$oprd1 \sim oprd3$ が第4章で見た記憶装置[1]にあって，第3章で見た演算装置で op の演算ができれば，記憶装置から $oprd2$ と $oprd3$ を読み出し，演算装置で op を行って，結果を $oprd1$ に格納すればよく，その操作を順次実行すれば内積計算ができるということを物語っている．その概念図を図6.1に示す．記憶装置には命令が格納されるとともに，オペランドの格納場所が確保される．図には，オペランドに格納される値(たとえば，a_1 の値は10)も示している．なお，一時変数は省略している．命令は，1.3節で示したように，数値として表されたもの(機械語)が格納されていることに注意されたい．

---

[1] 具体的な装置についてはここでは問わない．記憶できるということが重要．演算装置も同様である．

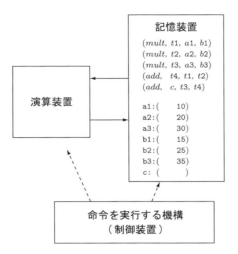

図 6.1　コンピュータの動作（概念図）

制御装置は，命令を読み出し，①その命令がどんな命令かを解読し，②オペランド ($oprd2$, $oprd3$) を読み出し，演算を行って，結果をオペランド ($oprd1$) に格納して，つぎの命令の実行に移る，という操作を繰り返し行う．ここで，実行する命令のメモリアドレスはプログラムカウンタ（PC）とよばれるレジスタが保持している．PC の値は命令の実行が終わると，制御装置によってつぎの命令のメモリアドレスに更新される．こうすることで，一連の計算（この場合内積計算）ができることになる．これこそが，**フォン・ノイマン**が考案した**プログラム内蔵方式**のコンピュータの基本的な考え方である．

それでは，実際のコンピュータにはどのような命令が必要だろうか？また，オペランドの記述はどうなるのか？これらの重要な問題をこの章で検討していく．命令を実行する回路構成については，第 7 章で詳しく述べる．

6.1　ソフトウェアとハードウェアのインタフェース

コンピュータがもつ命令の集合を**命令セット**という．命令セットは，そのコンピュータの語彙であり，その語彙を用いて記述できることが，コンピュータができることである．したがって，どのような命令を実装するかは，コンピュータ設計上の最重要事項である．

命令のもう一つの側面は，それがハードウェアとソフトウェアのインタフェースとなることである．ソフトウェア側から見れば，C 言語などの高水準言語で記述したプログラムをコンパイルした結果が，そのプログラムを実行する命令の列である．コンパイラの設計者は，命令というインタフェースを通してハードウェアを把握するのであり，ハードウェアの回路構成がどのようになっているかまでは把握しなくてすむ．一方，ハードウェア側から見れば，ハードウェアは命令を実行する回路である．ハードウェア設計者は，命令というインタフェースを通してソフトウェアを把握するのであり，コンパイラの構成がどのようになっているかまでは把握しなくてすむ．このようにして，システム設計の観点からは，ソフトウェ

アとハードウェアの分業が可能となる．

個々の命令の設計は，その動作を定義することである．その意味するところは，演算対象がどこにあって，それに対してどのような演算を行って結果をどこに格納するか，また，結果に伴う付帯的な情報（演算結果が正か負かといった情報）がある場合は，どのような情報が生成されるかなど，命令の仕様に関する完全な定義をすることである．したがって，命令セットを見ればコンピュータの論理構造がわかることから，命令セットを**コンピュータアーキテクチャ**と定義することもできる．

本章では，代表的な命令を紹介しながら，コンピュータがもつべき命令について学ぶ．なお，完全な命令セットを述べることは紙面の都合で困難なので，それを知りたい読者は，マイクロプロセッサの命令マニュアルを参照されたい[1]．

6.2 コンピュータの命令

本章冒頭で述べた四つ組の命令は，コード化という操作で数表現できる．たとえば，加算は 1，減算は 2 というようにコード化する．オペランドはデータのある場所だから，メモリアドレスやレジスタの番号を使えばよい．それでは，命令はどのように表現すればよいだろうか？ これには，2 通りの方法がある．命令によって長さの変わる**可変長命令**と，すべての命令が同じ長さで表現される**固定長命令**である．可変長命令をもつコンピュータの代表例は，インテル社のマイクロプロセッサである．命令は数バイトから十数バイトの長さをもつ．固定長命令の代表は，MIPS テクノロジー社の RISC プロセッサ[2]であろう．たとえば，MIPS R3000 の命令長は 32 ビットである．この節では，MIPS を例にとり，命令の表現について検討する．

6.2.1 命令の形式

命令の一般形式は，図 6.2 のように表される．命令はいくつかの**フィールド**に分けられる．op フィールドには演算が記述され，oprd i フィールドには，オペランドが記述される．フィールドの分け方は 1 通りではない．個々の命令に適したフィールドに分けられる．たとえば MIPS では，図 6.3 のように三つの代表的グループに分けられる．フィールド分けされたグループを**命令形式**という．図 6.3 の命令形式は，それぞれ，R 形式，I 形式，J 形式と名づけられている．各形式とも，命令の長さは 32 ビットの固定長である．op フィールドの長さは各命令形式で共通であり，それを見れば，どの形式の命令であるかがわかる．

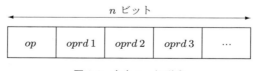

図 6.2 命令の一般形式

---

[1] 命令マニュアルは，プロセッサの製造元が提供している web ページからダウンロードできる．
[2] Reduced Instruction Set Computer の頭字．

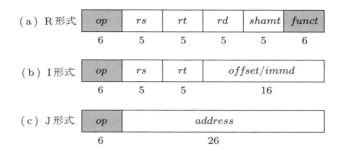

図 6.3 MIPS の代表的命令形式（図の灰色は演算フィールド，白色はオペランドフィールド，数字はフィールドの長さ）

　ここで，なぜ三つの命令形式が出てくるのかという疑問をもつかもしれない．命令セットの設計者は，ハードウェアの構成に関する構想とソフトウェアに必要な命令の構想をもっており，その構想のもとで命令セットを設計する．MIPS では，加減算や論理演算などの演算は，レジスタにあるデータに対して行うことを前提とする．それに必要なデータは，メモリからレジスタにもってくる．これを，データを**ロード**するという．また，演算結果は必要に応じてレジスタからメモリに格納される．これを，データを**ストア**するという．このような考え方でハードウェアを構成することを考えている（図 6.4 参照）．そうすると，フィールドの分け方は，レジスタをベースとした演算，メモリとレジスタの間のデータ移動，そしてジャンプ命令などのアドレスを直接指定したい命令の 3 グループに分けるのが適切であると考えられる．この考え方の底流には，①単純性は規則性につながる，②小さいことは高速性につながる，という信念がある．このようなアーキテクチャを**ロードストアアーキテクチャ**という．

　MIPS 命令形式を見てみよう（具体的な命令については 6.3 節で見る）．

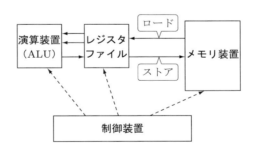

図 6.4 MIPS のハードウェア構成の基本

R 形式命令　　レジスタにある二つのデータを読み出し，演算を行って，結果をレジスタに書き戻す命令である．図 6.3 の各フィールドはつぎのような意味をもっている．

演算フィールド：　op と $funct$ の二つのフィールドで演算を表す．具体的には，op フィールドは 0 とし，$funct$ フィールドで演算種別を与える（図 6.2 は概念的な図であるため演算フィールドは op の 1 か所であるが，実際には，このように 2 か所に分けて配置されること

もある[1]).

オペランドフィールド： rs と rt が演算データが格納されているレジスタの番号を表す．rs が ALU の第 1 入力，rt が第 2 入力となる．rd が結果を格納するレジスタ番号である．レジスタは 32 個あるので，それぞれ 5 ビットのフィールドが必要となる．$shamt$ はシフト命令で使われ，シフト量を表す．

I 形式命令

メモリとレジスタ間のデータ移動命令や条件分岐命令，即値演算命令の形式である．各フィールドの意味はつぎのとおりである．

演算フィールド： op で命令種別を表す．

オペランドフィールド： rs と rt はレジスタの番号を表す．レジスタの役割は命令に依存するので，個別の命令のところで説明する．$offset/immd$ は基準アドレスからの隔たり（offset）あるいは即値（immediate）を表す[2]．詳細は後述する．

J 形式命令

無条件分岐命令や関数呼び出し命令の形式である．各フィールドの意味はつぎのとおりである．

演算フィールド： op で命令種別を表す．

オペランドフィールド： $address$ は絶対アドレスを表す．その意味は後述する．

6.2.2 物理アドレス空間と論理アドレス空間

メモリはアドレスづけされると 4.3 節で述べた．図 4.11 に示すメモリは 8 ビットを単位としてアドレスがつけられる．これを**バイトアドレス**という．通常，アドレスといえばバイトアドレスを指す．コンピュータが扱うことのできるアドレスの最大値には，物理的な制限がある．制限値はアーキテクチャ上の重要決定事項である．アドレスの最大値は $(2^n - 1)$ で与えられ，代表的なコンピュータでは，$(2^{32} - 1) \sim (2^{50} - 1)$ である．通常は桁数で表して，32 ビット～50 ビットのアドレスという．これは，ハードウェアとしては 32～50 本のアドレス線を使ってメモリにアクセスすることを意味する．32 ビットアドレスの場合，$0 \sim 2^{32} - 1$ の範囲のアドレスが指定できる．すなわち，最大で 4 GB のメモリにアクセスすることができる．この範囲を，そのコンピュータがもつ**物理アドレス空間**という[3]．これは，ハードウェア側から見たアドレスということができる．

これに対して，命令セットアーキテクチャが提供するアドレス空間を**論理アドレス空間**という．プログラムは，コンパイルされて一連の命令およびデータに変換される．この命令列やデータが論理アドレス空間に格納されると考えればよい．

一般に，物理アドレス空間の大きさと論理アドレス空間の大きさは異なり，論理アドレス空間のほうが大きい．論理アドレス空間はそのコンピュータシステムが提供する最大のアドレス空間である．

---

[1] op フィールドは 6 ビットの長さであるから，$2^6 = 64$ 種類の命令を記述できる．しかし，実際の命令は，100 種類も 200 種類もある．つまり，op フィールドだけではすべての命令を記述できない．多くの命令は R 形式命令であり，R 形式命令では，op と $funct$ フィールドを利用して命令を記述する．

[2] I 形式の I は immediate からきている．

[3] MIPS R3000 は 32 ビットの物理アドレス空間をもち，インテル社の Itanium 2 は 50 ビットの物理アドレス空間をもつ．

命令を実行するには，論理アドレス空間から物理アドレス空間への変換が必要になるが，その方法については，第 10 章で説明する．当面は，論理アドレス空間と物理アドレス空間は同じ大きさであり，1 対 1 の対応がついているもの（論理アドレスの X 番地は，物理アドレスの X 番地に対応する）と考えて差し支えない．

6.2.3 機械語とアセンブリ言語

命令は図 6.3 のような形式で表現されるが，その実体は 2 進数で表された数値である．これは，コンピュータにとっては必須の表現であるが，人間にとってはきわめて理解しづらい表現である．そのため，人間にわかりやすい記号で表現したい．そのような表現をアセンブリ言語表現という．

MIPS の例で具体的に見てみよう．MIPS では，32 個のレジスタに固有の名前が付けられているので，以下の具体例では，固有のレジスタ名を用いて記述する．表 6.1 に，レジスタ番号とレジスタ名の対応を示す．また，op と $funct$ に示した値は，MIPS における当該命令のコードである．

表 6.1 レジスタ番号とレジスタ名

番号	名前	意味
0	$zero	定数 0 をもつ読出し専用レジスタ
1	$at	アセンブラで使用
2〜3	$v0〜$v1	関数の戻り値を格納
4〜7	$a0〜$a3	関数の引数を格納
8〜15, 24, 25	$t0〜$t7, $t8, $t9	一時レジスタ
16〜23	$s0〜$s7	保存レジスタ
26〜27	$k0〜$k1	OS で使用
28	$gp	グローバルポインタ
29	$sp	スタックポインタ
30	$fp	フレームポインタ
31	$ra	戻りアドレス

例 1 加算命令（R 形式）

op	rs	rt	rd	$shamt$	$funct$	フィールド名
000000	01010	01011	01001	00000	100000	機械語表現

add $t1, $t2, $t3　　　　　　　　　　アセンブリ言語表現
　　　　　　　　　　　　　　　　　　（意味：$t1=$t2+$t3）

機械語表現では，フィールドごとに区切って記している．対応するアセンブリ言語表現をその下に示す．アセンブリ言語でも，演算，オペランド，…のように記述する．ただし，オペランドは，rd, rs, rt の順に記述するので注意すること．レジスタ名に対応するレジスタ番号が，レジスタのフィールドに入っている．add 命令では，$shamt$ フィールドは使用しない．

例2　即値加算命令(I形式)

```
op      rs      rt      immd                フィールド名
001000  10010   10001   0000000100000000    機械語表現

addi $s1, $s2, 256                          アセンブリ言語表現
                                            (意味：$s1=$s2+256)
```

immd フィールドの値は 256 であり，$s2 の内容に 256 が加えられて，結果が$s1 に格納される．*immd* フィールドは，16 ビットの 2 の補数表示された 2 進数である．

例3　ロード命令(I形式)

```
op      rs      rt      offset              フィールド名
100011  10010   10001   0000000010000000    機械語表現

lw $s1, 128($s2)                            アセンブリ言語表現
                                            (意味：$s1=mem[128($s2)])
```

lw 命令は 4 バイトのデータをメモリからレジスタにロードする命令である．読み出すデータが格納されているメモリアドレスは，レジスタ$s2 の内容に *offset* フィールドの値(128)を加えた値が指すアドレスである．読み出されたデータはレジスタ$s1 に格納される．*offset* フィールドは，16 ビットの 2 の補数表示された 2 進数である．この例は，二つのフィールド(*rs*, *offset*)で一つのオペランドを指定する例である．

例4　分岐命令(I形式)

```
op      rs      rt      offset              フィールド名
000100  10010   10001   0000000001000000    機械語表現

beq $s1, $s2, 64                            アセンブリ言語表現
                                            (意味：if($s1==$s2) PC=PC+4+64*4
                                                   else          PC=PC+4)
```

beq は branch on equal の意味で，$s1 の内容と$s2 の内容が等しい場合に分岐する命令である．分岐する場合，つぎに実行する命令番地は，現在のプログラムカウンタ(PC)の値に 4 を加え，さらに *offset* フィールドの値(64)の 4 倍を加えた番地である．分岐しない場合は，直後の命令(PC + 4 番地にある命令)が実行される．4 を加えたり 4 倍したりするのは，MIPS では命令が 4 バイトで構成されるためである．*offset* フィールドは，16 ビットの 2 の補数表示された 2 進数である．

例5　ジャンプ命令(J形式)

```
op      address                             フィールド名
000010  00000000000000001000000000          機械語表現

j 512                                       アセンブリ言語表現 (意味：PC=512*4)
```

この命令は，つぎに実行される命令が *address* フィールドの値を 4 倍したアドレスにあることを示す．したがって，*address* フィールドの値 × 4 を PC にセットする命令である．ただし，MIPS のアドレス空間は 32 ビットであるので，最上位の 4 ビットは，現在の PC の最

上位 4 ビットがそのまま使われる[1]．address フィールドは，26 ビットの符号なし 2 進数である．

例 6　ジャンプレジスタ命令（R 形式）

```
op      rs                        funct    フィールド名
000000  11111 00000 00000 00000   001000   機械語表現

jr $ra                                     アセンブリ言語表現 (意味：PC=$ra)
```

この命令は，つぎに実行される命令のアドレスがレジスタ（rs フィールド）にあることを示す．この例では，PC に $ra の値がセットされる．ほかのフィールドは使用しない．

6.2.4　オペランドの記述とアドレッシング

オペランドが表すものは，大きく二つに分けられる．一つは，オペランドが演算対象そのもの，あるいは演算対象のある場所を表す場合である．複数のオペランドフィールドで一つの演算対象のある場所を表す場合もある．もう一つは，分岐命令などで用いられる分岐先を表す場合である．

(1) オペランドが演算対象そのものを表すとき，それを**即値オペランド**という．前項例 2 の addi 命令の第 3 オペランドは即値オペランドである．

オペランドが演算対象のある場所を表す場合，演算対象は，レジスタまたはメモリにある．

(2) 演算対象がレジスタにある場合は，**レジスタオペランド**といい，レジスタの番号で指定する．前項例 1 の add 命令の第 1, 2, 3 オペランドは，レジスタオペランドである．

演算対象がメモリにある場合，そのメモリアドレスの指定を**アドレッシング**という．アドレッシングの方法は多様である．

(3) 直接指定：オペランドにメモリアドレスを直接記述する場合である．これを**ダイレクトアドレッシング**という．アドレス空間のビット数に等しい長さのフィールドが必要となるので，アドレス空間が狭い場合には使われるが，現在のように広い場合には使われることは少ない．MIPS では，この指定方法はない．

(4) 相対指定：レジスタの値に，offset フィールドの値を加えた値が指すメモリ番地にあるデータを演算対象とする．これを，**ベースアドレッシング**（base addressing）あるいは**ディスプレースメントアドレッシング**（displacement addressing）という．前項例 3 の lw 命令の第 2 オペランドがその例であり，( ) 内にレジスタを指定し，( ) の左に定数（オフセット）を記述する．この指定方法は，配列データをアクセスする場合などに便利である．すなわち，配列が格納されているメモリの先頭番地をレジスタに入れておき，配列の添え字の番号を offset フィールドに書く[2]ことで，配列要素にアクセスできる．

---

[1] 正確には，PC + 4 の最上位 4 ビットが使われる．
[2] 添え字は 0 から始まると仮定している．また，C 言語の整数のようにデータが 4 バイトで構成されるような場合は添え字を 4 倍した値にしなければならない．いうまでもないが，配列の大きさが，offset フィールドで記述できる範囲を超える場合には，この指定方法は機能しない．

オペランドが分岐先を表す場合，3通りの指定方法がある．

(5) PC 相対指定：条件分岐命令では，条件が成立した場合の分岐先が *offset* フィールドに記述される．分岐先アドレスは，PC と *offset* の和で与えられるから，これを **PC 相対アドレッシング**という．MIPS の場合分岐先は，PC + 4 + *offset* × 4 である．前項例 4 の beq 命令の第 3 オペランドが該当する．

(6) (擬似)直接指定：オペランドが，ジャンプ先のメモリアドレスを指す．厳密にはアドレス空間全体を指定できなければならないが，MIPS のような固定長の命令形式では，上記(3)と同様の理由で困難である．そこで，**擬似直接アドレッシング**が用いられる．これは，PC の上位ビットと *address* フィールドを結合してジャンプ先アドレスを表す方法である．前項例 5 の j 命令の第 1 オペランドがその例である．MIPS では，*address* フィールドに 26 ビットが当てられる．これを 4 倍し，さらに PC の上位 4 ビットと結合してジャンプ先アドレスを得る．擬似直接アドレッシングでは，アドレス空間内の任意のアドレスにジャンプすることはできない．*address* フィールドの範囲を超えるジャンプが必要な場合は，(7)に示すレジスタ指定によらなければならない．コンパイラは，ジャンプ先の隔たりを計算して適切なジャンプ命令を選択しなければならない．

(7) レジスタ指定：ジャンプ先アドレスはレジスタにある．この方法では，アドレス空間内の任意のアドレスにジャンプすることが可能である[1]．前項例 6 の jr 命令の第 1 オペランドが該当する．

6.3 命令セットの例

6.2.3 項で，MIPS 命令の例をいくつか紹介した．ここでは，もう少し系統的に MIPS コンピュータがもっている命令を分類してみよう[2]．なお，以下では，浮動小数点演算命令は紙数の都合で省いた．

◆コラム 〈アセンブリ言語で提供される命令〉

アセンブリ言語で提供される命令は，ハードウェアで用意されている命令より多い．ハードウェアでは用意されていないが，アセンブリ言語には用意されている命令を**擬似命令**という．命令セットには擬似命令は含まれない．MIPS の例では，たとえばレジスタ間のデータ移動命令 move rdest rsrc は擬似命令である．この命令は，rsrc レジスタの内容を rdest レジスタにコピーする命令である．擬似命令は，ハードウェアがもつ一つあるいは複数の命令に変換される．たとえば，move $t1, $t2 は add $t1, $zero, $t2 と変換される．ここで，$zero は定数 0 をもつ読出し専用のレジスタである．擬似命令は，コンパイラの負担を減らす目的で用意されるものである．もちろん，アセンブリ言語で直接プログラムを書く場合にも役立つ．

---

[1] もちろん，レジスタはアドレス空間の大きさに相当するビット幅をもっていなければならない．
[2] コンピュータがもつすべての命令は，そのコンピュータの命令セットアーキテクチャマニュアルを参照してほしい．

6.3.1 算術演算命令

整数演算は符号付き演算と符号なし演算に分けられ，さらに，それぞれが，レジスタ間の演算と即値データとの演算に分けられる．MIPSの命令セットでは，加減算器，乗除算器があることを前提としている．また，レジスタは，整数演算用のレジスタおよび特別レジスタがあることを前提としている．

主な算術論理演算命令を図6.5に示す．図において，`rs`, `rt`, `rd`, `hi`, `lo`はレジスタを表す．このうち，`rs`, `rt`, `rd`には表6.1に示したレジスタ名が記述され，図6.3の同名のフィールドには，レジスタ番号が入る．また，`hi`, `lo`は乗除算の結果を格納する特別なレジスタである．即値演算における`immd`は即値を表す．#記号から右は命令の説明である．

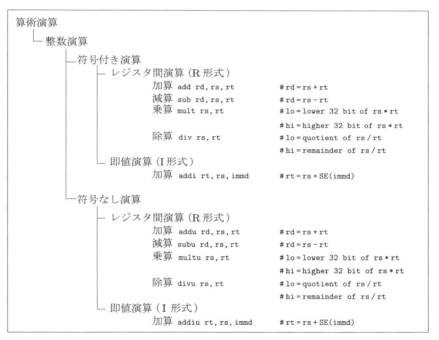

図 6.5 算術演算命令

命令は四則演算が提供される．基本は，符号付き整数に対するレジスタ間演算の`add`, `sub`, `mult`, `div`である．命令の名前は系統的に付けられており，即値命令では，iが付加される．符号なし演算では，uが付加される．即値は32ビットに拡張して演算を行う．算術演算では，符号拡張(SE)が行われる．

乗除算命令はR形式命令であるが，*rd*フィールドは使用しない．その代わりに，`hi`, `lo`レジスタから整数用レジスタへデータを移動する命令が用意されている(6.3.5項参照)．即値の減算は，`addi rt,rs,-immd`と同じであるから，`subi`命令は不要である．

6.3.2 論理演算命令

論理演算は，もともと論理値に対して定義されるものであるが，通常のコンピュータでは，ビットごとの論理演算として定義される．具体的には，論理演算を $\odot$ で表せば，$c_i = a_i \odot b_i$, $i = 0, \ldots, n-1$ という演算として定義される．ここで，a_i, b_i, c_i は第 i ビットの値である．MIPS ではレジスタ間演算と即値演算が提供される．図 6.6 に主な命令を示す．即値は 32 ビットに拡張されるが，論理演算では上位に 0 を埋める拡張（符号なし拡張（UE）とよぶ）を行う．図では，UE(immd) と表記した．

二つのの論理変数に対する演算は 16 通り存在するが，すべての演算が命令として用意されるわけではない．使用頻度，命令コードの余裕などを考慮して決められる．

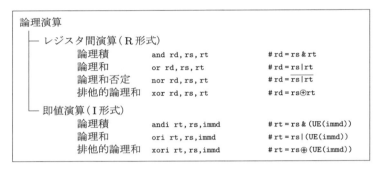

図 6.6 論理演算命令

6.3.3 シフト命令

シフトとは，第 i ビットの値を第 $i+k$ ビットあるいは第 $i-k$ ビットに移動することである．シフト命令には，図 6.7 に示すように，論理シフトと算術シフトがある．シフト量は，即値（定数）またはレジスタの値で指定する．

論理シフトには，左または右シフトがある．図 6.8 は 3 ビットシフトした例である．シフトして空いたビットには 0 が入る．

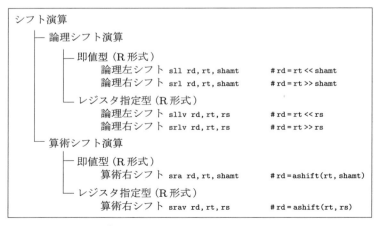

図 6.7 シフト命令

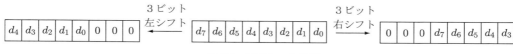

図 6.8　論理シフト演算

　論理シフトという名前ではあるが，その使い方は多様である．たとえば，符号なし数に対してその数値を 2^k 倍するには，k ビットの論理左シフトを行えばよく，2^k で割るには，k ビットの論理右シフトを行えばよい[1])．

　算術シフトは，符号付き数の操作に有効な命令である．算術右シフトは，最上位ビットの値が下位ビットに継承されるシフトである(図 6.9)．これは，符号付き数の除算を行う場合に使うことができる．たとえば，8 ビットの 2 の補数表示された 2 進数で 10011000 は 10 進数の -104 を表すが，これを 8 で割ると 11110011 (10 進数の -13) となり，3 ビットの算術右シフトを行うことに等しい．

図 6.9　算術シフト演算

　算術左シフトは，最上位ビットの値は温存し，残りのビットを左にシフトし，空いたところには 0 を入れるシフトである(図 6.9)．しかし，MIPS には用意されていない．その理由は，有効なデータに対する算術左シフトは論理左シフトと等価だからである．具体的にいうと，上記の例と同様に 10011000 を 1 ビット算術左シフトすると 10110000 となるが，これは -80 を表し(期待する値は -208)，オーバーフローを起こす．一方，11111000 (10 進数の -8) を 1 ビット算術左シフトすると 11110000 (10 進数の -16) となり，正しい結果を得る．そして，この場合は論理左シフトと同じ結果となる．2 の補数表示をした数では，最上位 2 ビットの値が異なる場合(10 または 01)，それを左シフトするとオーバーフローとなる．したがって，演算結果がオーバーフローを起こさない場合は，算術左シフトは論理左シフトと同じ結果を与える．

　このほかに，回転命令(循環シフト)がある．これは，最上位ビットを最下位ビットに(あるいは逆向きに)順繰りにシフトする命令である．MIPS では，擬似命令として用意されている．

6.3.4　ロード命令とストア命令

　メモリとレジスタの間で，データの移動を行う命令である．メモリからレジスタへの移動をロード，レジスタからメモリへの移動をストアという．移動するデータの幅により，バイト，半語(2 バイト)，語(4 バイト)に分けられる．通常，語データ(半語データ)はメモリ上の 4 の倍数のアドレス(偶数アドレス)から格納される．これを整列配置，あるいは 4 バイト

[1)]　ただし，演算結果がオーバーフローしないものとする．オーバーフローが発生する場合の扱いに関しては注意が必要である．

境界(2バイト境界)への配置という．ロード命令では，指定した幅のデータを 32 ビットのレジスタに格納するので，バイトロードと半語ロードに関しては符号の拡張を行う．符号拡張と符号なし拡張それぞれの命令が用意されている．図 6.10 に主な命令を示す．たとえば，`lb rt, offset(rs)` は，レジスタ `rs` の内容に `offset` を加えて得られるメモリ番地から 1 バイトを読み，符号拡張を行って，結果をレジスタ `rt` に格納する命令である．レジスタ `rs` は，その値を基準として `offset` 離れた位置のデータにアクセスするということから，**ベースレジスタ**とよばれる．

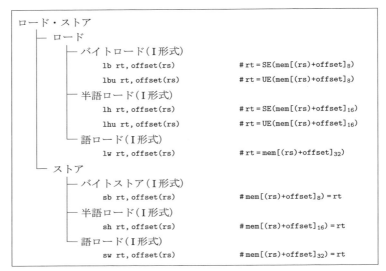

図 6.10 ロード・ストア命令($\mathrm{mem}[\cdots]_8$ などの添字は，…番地から 8 ビット読み書きをすることを意味する)

6.3.5 データ移動命令

整数演算用レジスタと乗除算に使われる特別のレジスタ相互でデータを移動する命令である．図 6.11 に主な命令を示す．

図 6.11 データ移動命令

6.3.6 比較命令と分岐命令

比較命令は，二つのレジスタ `rs`, `rt` の値を比較し，`rs` < `rt` なら `rd` に 1 をセットし，そうでなければ 0 をセットする．即値比較では，`rt` の代わりに即値が与えられる．図 6.12 に比較命令を示す．

```
比較演算
 ├─ レジスタ間演算 (R 形式)
 │      符号付き比較  slt  rd,rs,rt      #if(rs<rt) rd=1; else rd=0;
 │      符号なし比較  sltu rd,rs,rt      #if(rs<rt) rd=1; else rd=0;
 └─ 即値演算 (I 形式)
        符号付き比較  slti  rt,rs,immd   #if(rs<SE(immd)) rt=1; else rt=0;
        符号なし比較  sltiu rt,rs,immd   #if(rs<SE(immd)) rt=1; else rt=0;
```

図 6.12　比較命令

分岐命令は，二つのレジスタ rs, rt の値を比較して，条件が成立すれば分岐し，成立しなければつぎの命令に制御を移す．図 6.13 に分岐命令を示す．条件が成立した場合の分岐先は，6.2.3 項の例 4 で述べたように，$PC + 4 + 4 \times SE(\mathit{offset})$ となる．SE は符号拡張である．

```
分岐 (I 形式)
   =分岐   beq  rs, rt, offset   #if(rs==rt) PC=PC+4+4*SE(offset); else PC=PC+4;
   ≠分岐   bne  rs, rt, offset   #if(rs!=rt) PC=PC+4+4*SE(offset); else PC=PC+4;
   ≧0分岐  bgez rs, offset       #if(rs>=0)  PC=PC+4+4*SE(offset); else PC=PC+4;
   >0分岐  bgtz rs, offset       #if(rs>0)   PC=PC+4+4*SE(offset); else PC=PC+4;
   ≦0分岐  blez rs, offset       #if(rs<=0)  PC=PC+4+4*SE(offset); else PC=PC+4;
   <0分岐  bltz rs, offset       #if(rs<0)   PC=PC+4+4*SE(offset); else PC=PC+4;
```

図 6.13　分岐命令

図 6.13 にない分岐は，比較命令と分岐命令を組み合わせることで実現する．たとえば，bgt rs, rt, offset（rs>rt なら分岐する）は，

```
        slt rd, rt, rs          # if(rt<rs) rd = 1; else rd = 0;
        bne rd, $zero, offset   # if(rd!=0) PC = PC+4+4*SE(offset); else PC = PC+4;
```

の組合せで実現できる．

なぜ bgt 命令を用意しないのかという疑問がわくであろう．MIPS の設計者はつぎの考え方をとっている．回路構成上の理由により個々の命令は実行時間が異なる．コンピュータは，クロックに同期して動作するので，一番遅い命令がクロック速度を決める．クロック速度をできるだけ速くすることは，コンピュータ設計者の使命である．そこで，遅い命令（bgt 命令はその一つである）はできるだけ排除したい．しかし，bgt のような基本的な命令機能を排除することは難しい．一方で，命令の使用頻度が少なければ，そのような命令は上記のように 2 命令に分けて実行しても，クロック速度を遅くする場合と比較して，プログラム全体の実行時間は短くなる．

具体的に計算してみよう．遅い命令に合わせた場合，1 命令を実行するのに T 秒かかるとする．全体で N 命令を実行したときの実行時間は NT 秒である．これが，遅い命令を 2 命令に分けた結果，1 命令の実行時間を 5% 短くできたとする．また，そのような命令はプログラム全体の 2% あったとする．そうすると，全実行命令数は $1.02N$ 命令となり，全実行時間は $0.95T \times 1.02N = 0.969NT$ となって，約 3% 短くすることができる．このような考え方で，bgt などの命令を命令セットから除いている．

6.3.7 ジャンプ命令

無条件に実行制御を移行する命令群である．ジャンプ命令には，無条件ジャンプと関数呼び出しがある．図 6.14 に命令を示す．直接型は，命令のアドレスフィールドにジャンプ先のアドレスを直接記述する．ジャンプ先アドレスは，6.2.3 項の例 5 に示した手順で計算される．間接型は，指定したレジスタ(rs)の内容がジャンプ先アドレスとなる．

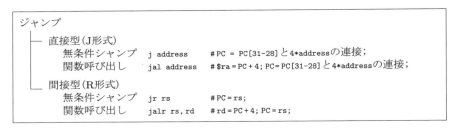

図 6.14　ジャンプ命令

関数呼び出し命令は正式にはジャンプアンドリンク(jump and link, jal)命令という．関数呼び出しでは，呼び出した関数の実行終了後にどの命令を実行するかという情報，すなわち戻りアドレスを記憶しておく必要がある．jal 命令は，自身のアドレスのつぎのアドレス(PC + 4)を，レジスタ($ra と名づけられたレジスタ)に保存して，*address* フィールドに与えられるジャンプ先アドレスを PC にセットする命令である．ジャンプ先アドレスの計算は j 命令と同じである．jalr 命令は，戻りアドレスをレジスタ rd に保存し，レジスタ rs に与えられたジャンプ先アドレスに実行制御を移す命令である．

jr 命令は，ジャンプ先アドレスをレジスタ(rs)に与える．この命令は，関数の実行を終了して，呼び出し元に戻るときに使われる．たとえば，jal 命令で関数が呼び出された場合，$ra に戻りアドレスが入っているから，呼び出された関数の最後で jr $ra 命令を実行して，呼び出し元の jal 命令のつぎの命令に戻ることができる[1]．

6.4　C プログラムの命令への展開

前節で命令セットの例を示した．これらの命令がどのように使われるかを，この節で C プログラムを通して見ていこう[2]．以下では，算術演算，制御構造，関数実行のプログラムを取り上げ，それらが前節で定義した命令にいかに展開されるかを検討する．

データのロードとストア

メモリ上の連続する番地に，整数変数および整数配列 a,b,e[10] がこの順で確保されているものとする．変数 a のアドレスは，レジスタ $s7 に入っているものとする．このとき，変数 a,b の値をそれぞれレジスタ $s0, $s1 にロードし，配列 e の先頭アドレスを $s6 にセット

---

[1] 実際には，関数の中で別の関数を呼び出すと $ra は更新されるので，関数の最初で $ra の値を適切な場所に保存し，最後で $ra を回復して jr 命令を実行する．6.4 節の最後にある再帰関数の例を参照．
[2] C 言語になじみのない読者のために，C プログラムにはコメントを多く入れた．/* と */ で囲まれた部分がコメントである．

6.4 Cプログラムの命令への展開

する命令列，および e[0] に b の値をストアする命令は，つぎのようになる．

```
lw    $s0, 0($s7)      # 変数aの値を$s0にロード
lw    $s1, 4($s7)      # 変数bの値を$s1にロード
addi  $t0, $s7, 8      # 配列eの先頭アドレスを$t0にセット
sw    $s1, 0($t0)      # e[0]にbの値をストア
```

■ 算術演算

つぎのCプログラムの断片を命令列に展開する．ただし，変数 a,b,c,d はそれぞれレジスタ $s0,$s1,$s2,$s3 に割り当てられている．すなわち，「データのロードとストア」の手順でそれぞれのレジスタに変数の値がロードされているものとする．

```
int a, b, c, d;    /* 整数変数a,b,c,dの宣言 */
d = a + b + c;     /* 和の計算 */
```

これは，つぎのようにコンパイルされる．

```
add $t0, $s0, $s1   # a+bの計算．結果は一時変数レジスタ$t0に入る．
add $s3, $t0, $s2   # (a+b)+cの計算．結果はd，すなわち$s3に入る．
```

■ 配列

配列の操作例を示す．配列データはメモリ上に格納されている．

```
int a[10], i=2, m, n;  /* 整数配列a，整数変数i,m,nの宣言．iの初期値は2 */
m = a[i];              /* 配列aの第i要素をmに代入 */
n = a[5];              /* 配列要素a[5]をnに代入 */
```

このCプログラムの断片は，つぎのように展開される．ただし，配列 a の先頭アドレスはレジスタ $s7 にあるものとし，i,m,n はそれぞれレジスタ $s0,$s1,$s2 に割り当てられており，$s0 には初期値2が入っているものとする．

```
sll  $t0, $s0, 2       # 4倍する（オフセットの計算）
add  $t0, $s7, $t0     # a[i]のアドレスを求める
lw   $s1, 0($t0)       # mにa[i]を代入
lw   $s2, 20($s7)      # nにa[5]を代入
```

配列の添え字が変数の場合と定数の場合で展開の仕方が異なる．変数の場合は，変数の値を4倍し，それを配列の先頭アドレスに加える(1,2行目)．$s7 は a の先頭を示しているので，変更してはいけない．したがって，一時変数用レジスタにアドレス計算結果を入れる．そして，それをベースレジスタとしてオフセット0でロードすればよい(3行目)．添え字が定数の場合は，添え字を4倍してオフセットとし，ロードすればよい(4行目)．

■ if-then-else

つぎのCプログラムの断片を考える．

```
int a, b, c;
if(a!=b) c=a; else c=b;   /* a≠ならc=a，そうでなければc=b */
```

変数 a,b,c は，それぞれレジスタ $s0,$s1,$s2 に割り当てられているものとする．

```
# if文の展開
    beq $s0, $s1, L1      # a!=bでない，すなわちa==bならば，ラベルL1の行に分岐
    add $s2, $zero, $s0   # c=a
    j N1                  # ラベルN1の行にジャンプ
L1: add $s2, $zero, $s1;  # c=b
# つぎの文の展開
N1: ...
```

if 文の展開の基本は，条件式が成立しなかったら else 節に分岐するということである．したがって，この if 文では，a==b なら分岐するとなり，beq 命令に展開される．また，then 節の展開後にジャンプ命令が挿入されていることに注意されたい．

while ループ

つぎの C プログラムの断片を考える．

```
int a[10], i=0;
while(i<10) {          /* i<10である間，{}内を繰り返し実行する */
    a[i]= i; i=i+1;    /* a[i]にiを代入し，iを1増やす */
}
```

配列 a の先頭アドレスが $s7 にあり，変数 i は $s0 に割り当てられ，初期値 0 がセットされているものとする．これは，つぎのように展開される．

```
L1: slti $t0, $s0, 10    # $s0<10ならば$t0=1，そうでなければ$t0=0
    beq  $t0, $zero, N1  # $t0が0ならばループを抜け出る
    sll  $t0, $s0, 2     # iを4倍する（オフセットの計算）
    add  $t0, $s7, $t0   # a[i]のメモリアドレス計算
    sw   $s0, 0($t0)     # a[i]=iの計算
    addi $s0, $s0, 1     # i=i+1の計算
    j    L1              # ループする
N1: ...
```

関数実行

関数実行は，つぎのような手順で行われる．関数の呼び出し側では，引数を関数側に渡して関数呼び出しを行う．関数側では，受け取った引数を使って関数の実行を行い，結果を呼び出し側に返す．呼び出し側は計算結果を受け取って，以降の実行を続ける．C プログラムの例を以下に示す．

```
main() {
    int n=10, m;
    m=sum(n);   /* 関数sumの呼び出し．nは正とする */
}

int sum(int n) {  /* 1からnまでの和を求める関数 */
    int i, s;
    s=0;
```

```
        for(i=0;i<n;i++) s=s+i+1;   /* for ループ．1+2+…+nを求める */
        return s;  /* 計算結果sを呼び出し側に戻す */
    }
```

このプログラムの実行の流れを図示すれば，図 6.15 のようになる．引数は，それを格納する場所を確保して，そこを経由して関数側に渡される．その際，レジスタまたはスタック[1]が格納場所として使用される．MIPS では，四つまでの引数には$a0〜$a3 のレジスタが使われ，それを超える分についてはスタックが使われる．ついで，関数呼び出し命令（jal）を実行する．その結果，実行制御が関数側に移り，関数が実行される．

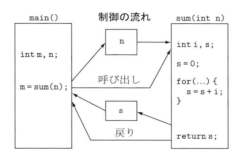

図 6.15　関数実行の制御の流れ

関数の実行に際しては，レジスタの値の一貫性（関数呼び出しの前後で，レジスタの値が一致すること）という原則に従う．上の例でいえば，main 関数において sum 関数を呼び出す前と，関数実行が終わって m に結果を代入する直前で，レジスタの値が異なっていてはいけない．ただし，$v0,$v1 は戻り値レジスタなので除く．

この原則を考慮して関数を実行するための環境をスタック上に構成する．すなわち，関数内で使用する局所変数の領域およびレジスタの値の一貫性を保つための領域をスタック上に確保する．そして，関数の中で使用するレジスタは，関数本体の実行に先立って確保した領域に退避しておく．その後に，関数本体の実行を行う．なお，MIPS では一時利用のレジスタ（$t0〜$t9）の値は，保存しなくてよい（すなわち，レジスタの値の一貫性を保たなくてよい）約束になっている．

関数実行終了時には，まず戻り値をレジスタ$v0 にセットする．ついで，保存したレジスタを回復し，jr 命令により実行制御を呼び出し側に戻す．

このような方針で上記のプログラムを展開すると，以下のようになる．なお，main 関数の変数 n,m はそれぞれ$s0,$s1 に割り当て（$s0 の初期値は 10），sum 関数の変数 i,s もそれぞれ$s0,$s1 に割り当てるものとする．

```
    # main 関数
        add  $a0, $zero, $s0      # nを引数レジスタにコピー
        jal  sum                  # sum(n)の呼び出し
        add  $s1, $zero, $v0      # mに戻り値を代入
```

---

[1] スタックは，引数や関数の中で宣言される変数を格納しておくために使われるメモリ領域である．詳細はコンパイラの教科書を参照されたい．

```
        # sum関数(ループ型)
        sum:addi $sp, $sp, -8        # スタック上に2語の領域を確保
            sw   $s0, 0($sp)         # $s0を退避（呼び出し元のnの値)
            sw   $s1, 4($sp)         # $s1を退避（同上mの値)
            add  $s1, $zero, $zero   # s=0
            add  $s0, $zero, $zero   # i=0
        L1: slt  $t0, $s0, $a0       # $s0<$a0なら$t0=1, そうでなければ$t0=0
            beq  $t0, $zero, N1      # $t0が0ならループを抜ける
            add  $s1, $s1, $s0       # s=s+i
            addi $s1, $s1, 1         # s=s+1
            addi $s0, $s0, 1         # i++の計算
            j    L1
        N1: add  $v0, $zero, $s1     # 戻り値のセット
            lw   $s1, 4($sp)         # $s1を回復
            lw   $s0, 0($sp)         # $s0を回復
            addi $sp, $sp, 8         # スタックポインタの回復
            jr   $ra                 # 制御を呼び出し元に戻す
```

jal 命令の実行により，$ra に戻りアドレス(jal のつぎの add 命令のアドレス)がセットされる．sum 関数では，まずスタック上に，レジスタ退避エリアを確保する．ついで，レジスタを退避する．関数本体の実行の後，戻り値をセットする(ラベル N1 の行)．そしてレジスタを回復してスタックポインタを呼び出し前の値に戻す．最後に jr $ra 命令を実行することにより，main 関数に戻る．

もう一つ，再帰関数の例を見ておこう．上記の sum 関数を再帰型に書き換えてみよう．

```
        int sum(int n) {                  /* 再帰型のsum関数．n≥0 */
            if(n<1) return 0;             /* nが1より小さければ0を返す */
            else return (n + sum(n-1));   /* そうでなければnとsum(n-1)の和を返す */
        }
```

これを命令列に展開すると，

```
        # sum関数（再帰型）
        sum:addi $sp, $sp, -8        # スタック上に2語の領域を確保
            sw   $a0, 0($sp)         # $a0を退避
            sw   $ra, 4($sp)         # $raを退避
            slti $t0, $a0, 1         # if(n<1)
            bne  $t0, $zero, L1
            lw   $ra, 4($sp)         # $raを回復
            lw   $a0, 0($sp)         # $a0を回復
            add  $v0, $zero, $zero   # 戻り値0をセット
            addi $sp, $sp, 8         # スタックポインタを回復
            jr   $ra                 # 制御を呼び出し元に戻す
        L1: addi $a0, $a0, -1        # n-1
            jal  sum                 # sum(n-1)（再帰呼び出し）
            lw   $a0, 0($sp)         # $a0を回復（nが$a0に戻る）
            lw   $ra, 4($sp)         # $raを回復
            add  $v0, $a0, $v0       # n+sum(n-1)
            addi $sp, $sp, 8         # スタックポインタを回復
            jr   $ra                 # 制御を呼び出し元に戻す
```

となる．退避すべきレジスタは，$a0 と $ra である．$ra はラベル L1 のつぎの jal 命令で変更されるからである．

第 6 章のポイント

コンピュータの命令について学んだ．

- コンピュータのもつ命令の全体を命令セットという．命令セットは，そのコンピュータができる機能を規定する．
- 命令は演算対象に対してどのような演算（操作）を行うかを記述するものである．
- オペランドは演算対象そのもの，あるいは演算対象のある場所を示す．
- 演算対象がメモリにある場合，そのメモリアドレスを指定することをアドレッシングという．
- 命令は，記述の仕方で形式分けされる．MIPS の命令は，R 形式，I 形式，J 形式の三つのグループに分けられる．
- 命令セットは，必要なものが用意されていること，ハードウェア構成がしやすい命令であることが求められる．

実際のコンピュータでは，ここで示した命令のほかにコンピュータの構成要素を制御するための命令（OS が必要とする命令）が必要である．それらについては触れなかったが，プロセッサマニュアルなどを見て習得していただきたい．

演習問題

6.1 MIPS には $zero レジスタがあるので，0 の扱いは簡単である．もし，$zero レジスタがなかったら，0 を生成しなければならない．MIPS の命令を使って，1 命令で 0 を生成する方法を検討せよ．

6.2 二つのレジスタの内容を入れ替えたい．これは，作業用レジスタが使えれば簡単である．作業用レジスタを使わないという前提で，二つのレジスタの内容を入れ替える MIPS 命令列を作成せよ．（ヒント：排他的論理和）

6.3 6.4 節の「関数実行」で述べたループ型，再帰型の sum 関数を値 n(>0) で呼び出したとき，それぞれのプログラムは何命令実行されるか？

6.4 二つのレジスタ $t3 と $t4 を加算したときに桁上げが発生したかどうかを判定する最短の MIPS 命令列を示せ．桁上げが 0 か 1 かに応じて，レジスタ $t2 に 0 または 1 を設定するものとする．

6.5 ハノイの塔とよばれる問題は，以下のような問題である（図 6.16）．半径の異なる円盤 n 枚が下図のように棒 A に挿してある．これを最終的に棒 C に移動したい．ただし，1 回に移動できるのは 1 枚の円盤だけで，大きな円盤を小さな円盤の上に乗せてはいけない．円盤は，大小条件を満たせば，いまある棒からほかのどの棒に移動してもよい．

(1) この問題を解くプログラムを作成せよ．
(2) このプログラムをアセンブリ言語にコンパイルせよ．
(3) 最終状態になるまでに円盤の移動は何回必要か．

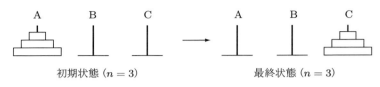

図 6.16

第7章

命令の実行

keywords

プログラムカウンタ，命令実行回路，命令形式，アサート，バス，マルチサイクル構成，有限状態機械，例外，割込み

これまでに，コンピュータの構成要素である演算装置と記憶装置および制御装置の基礎について述べ，さらにハードウェアとソフトウェアのインタフェースである命令セットアーキテクチャについて述べた．つぎに行うことは，命令を実行する回路を構成することである．本章では，命令セットアーキテクチャで述べた命令のなかからいくつかを取り出し，それらを実行するための回路構成について検討する．

7.1 命令実行回路

この節では，6.3節で述べた命令の中からいくつかを取り上げ，それらを実行する回路の構成を検討する．取り上げる命令は，乗算や除算ではなく，計算に複数のステップを必要としないものから選んでいる．これは，1クロックで1命令を実行する回路を最初に示すためである．命令の実行は，命令を読み出す部分と読み出した命令を実行する部分に分かれる．以下では，まず命令を読み出す部分について述べる．ついで，命令グループごとに命令実行部の構成を示す．そして，最後にそれらを統合した構成を示す．

7.1.1 プログラムカウンタ

命令は，それが分岐命令などプログラムの実行順序を変える命令でない限り，逐次的に実行される．実行する命令アドレスがレジスタに入っているならば，それをアドレスとしてメモリから命令を読み出し，その実行を行うことができる．また，並行してつぎの命令アドレスを計算して，すなわち4を加算して，レジスタにセットすれば，次命令のアドレスが準備できる．このレジスタを**プログラムカウンタ**(PC)とよぶ．図7.1にその構成を示す．図において，メモリ部分に命令が格納されており，PCの値をアドレスとして，命令が読み出される．読み出された命令は，命令実行回路に送られ，実行される．メモリ読出し時間と命令実行回路に必要な時間を合わせた時間が命令実行に必要な時間である．そこで，この時間(より少し長い時間)を周期とするクロックをPCに与えると，クロックに同期して動作する命令実行機構ができる．図7.2を見てほしい．クロック周期の最初でPCからメモリアドレスが与えられる．メモリ読出し時間(図4.12のT_Aに相当する時間)が経過後，読み出された命令が命令実行回路に送られる．そして，命令が実行される．たとえばadd命令なら，レジス

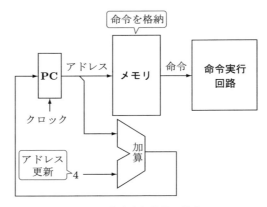

図 7.1 命令実行機構の構成

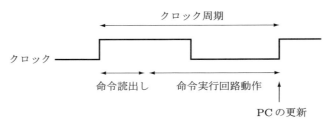

図 7.2 タイミングチャート

タからデータを読み出して，加算をして，結果をレジスタに書くという動作が命令実行回路の中で行われる．それと並行して，アドレス更新計算が加算器を介して行われる．更新結果は，クロックの立ち上り時に PC にセットされる．その結果，つぎのクロック周期では，更新されたアドレスがメモリに与えられ，つぎの命令が実行されるのである．

7.1.2 命令実行回路（R 形式命令）

算術論理演算命令　命令の rs および rt フィールドで指定したレジスタから二つのオペランドを読み出し，rd フィールドで指定したレジスタに演算結果を書き込むタイプの R 形式命令は，図 7.3 に示す構成の回路で実行できる．この範疇に入る命令は，add, sub, addu, subu, and, or, nor, xor, slt, sltu である．ただし，図 7.3 に示した ALU は，3.4 節で示した ALU をそれらの演算ができるように拡張したものとする．この回路の動作は，つぎのようになる．

① メモリから読み出した命令の rs, rt フィールドがレジスタファイル（図 4.8 参照）の第 1，第 2 読出しアドレス（Radr1, Radr2）として与えられ，該当するデータ（Rdata1, Rdata2）が読み出される．それらは，ALU の演算入力となる．

② 命令解読回路は，op および funct フィールドから制御信号をつくる．この場合，ALU の演算制御信号とレジスタファイルの書込み制御信号（図 4.8 の RW 信号）がつくられる．ALU の演算制御信号は，演算を指定する値（3.4 節参照）が生成される．書込み制御信号は，値 1（書込み）が生成される．このことを**アサート**するという．この信号とク

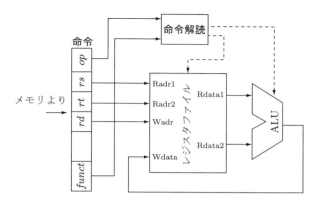

図7.3 命令実行回路の構成(R形式の算術論理演算命令)

ロック信号の論理積をつくれば，所望の書込み信号を得る．
③ 命令の rd フィールドで与えられる書込みアドレス(Wadr)に書込み入力(Wdata)を経由して演算結果が書き込まれる．

以降の図では，データの流れる経路を実線で表し，制御信号は破線で表すことにする[1]．また，理解の促進の目的で，メモリから読み出した命令のフィールドを明示的に示すことにする．

7.1.3 命令実行回路(I形式命令)

I形式命令の実行回路を，つぎのように命令をグループ分けして検討する．

1. 算術論理演算命令：addi, addiu, andi, ori, xori, slti, sltiu
2. ロード命令：lw
3. ストア命令：sw
4. 分岐命令：beq, bne

算術論理演算命令　　I形式の算術論理演算は，rs フィールドで指定したレジスタの内容と $immd$ フィールドの即値に対して op フィールドで指定される演算を行い，結果を rt フィールドで指定したレジスタに書く．その命令実行回路は，図7.4のようになる．ここで注意してほしいのは，16ビットの即値を32ビットに拡張する回路(SE/UEの部分で，右図に詳細化した回路を示している)である．この回路は，addi, addiu, slti, sltiu 命令に対しては符号拡張(SE)を行い，andi, ori, xori 命令に対しては符号なし拡張(UE)を行う．命令解読回路では，ALU制御信号，レジスタファイルの書込み信号およびSE/$\overline{\text{UE}}$ 選択信号を生成する．SE/$\overline{\text{UE}}$ 選択信号は，符号拡張のときは1，符号なし拡張のときは0となる信号である．これらの命令では，レジスタファイルの第2入力は使用しない．

---

[1] これらは，ここで述べる命令の実行に必要なもののみを示している．7.1.3項および7.1.4項も同様である．

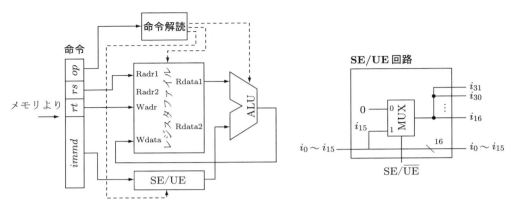

図 7.4 命令実行回路の構成（I 形式の算術論理演算命令）

ロード命令・ストア命令　ロード命令では，データが格納されているメモリアドレスを生成し，メモリからデータを読み出して，それをレジスタファイルに格納する．その回路構成は，図 7.5 のようになる．rs フィールドで指定されるレジスタの内容が読み出され，$offset$ フィールドの値を符号拡張した値とが ALU で加算されてメモリアドレスとなる．メモリからデータが読み出され，rt フィールドで指定されたレジスタに書き込まれる．ロード命令の制御信号は，[ALU 制御は加算]，[レジスタ書込みはアサート]，[SE/UE 制御は符号拡張]，[メモリ制御は読出し] となる．

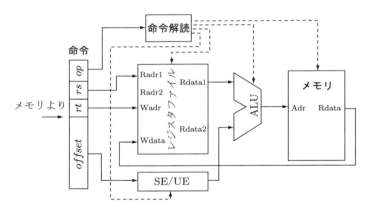

図 7.5 命令実行回路の構成（lw 命令）

ストア命令では，データを格納するメモリアドレスを生成するとともに，レジスタファイルの第 2 出力から読み出したデータをメモリに格納する．その回路構成は，図 7.6 のようになる．メモリアドレスはロード命令と同様に生成される．rt フィールドで指定されたレジスタの内容が第 2 出力に読み出されて，メモリに書き込まれる．

分岐命令　分岐命令（beq, bne）の実行は，rs と rt フィールドで指定される二つのレジスタの値の差を計算し，その結果が 0 か否かで分岐か非分岐かを選択する．その回路構成は，図 7.7 のようになる．

分岐先アドレスの計算は以下のように行われる（6.2.3 項の例 4 参照）．$offset$ フィールドの

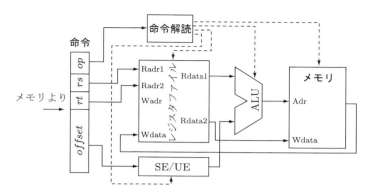

図 7.6 命令実行回路の構成(sw 命令)

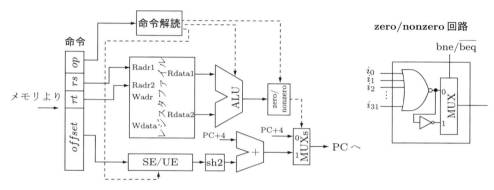

図 7.7 命令実行回路の構成(分岐命令)

値が符号拡張され,その結果が 2 ビット左にシフトされる.図の sh2 の回路でシフトを行う.それに PC + 4 が加算される.PC + 4 は,図 7.1 の加算器の出力を使う.そして,次アドレス選択のマルチプレクサ(MUXs)で,分岐・非分岐に応じて次アドレスが選択出力される.MUXs は 2 入力のマルチプレクサを 32 個並べて構成される.

zero/nonzero 回路の詳細を図 7.7 の右図に示す.32 入力の NOR ゲートは,入力がすべて 0 のとき 1 を出力する.マルチプレクサは beq 命令のときは 0 側入力を選択し,また bne 命令のときは 1 側入力を選択して出力する.この出力は,MUXs を制御する信号となる.

7.1.4 命令実行回路(J 形式命令)

j 命令と jal 命令　J 形式命令である j と jal は,共通部分が多いので一括して構成する.その実行回路は図 7.8 のようになる.両命令に共通のジャンプ先アドレスを計算する回路は,つぎのように構成される.*address* フィールドの値は,2 ビット左シフトして 28 ビットの値にする.それと PC + 4 の値の上位 4 ビットが連接されて,32 ビットのジャンプ先アドレスをつくる.j 命令は,これだけで実行回路が完成である.jal 命令は,戻りアドレス(PC + 4)をレジスタ \$ra に保存しなければならない.\$ra のレジスタ番号は,$11111_2 (= 31)$ であるから(表 6.1 参照),レジスタファイルの書込みアドレスに 11111_2 を与え,書込み入力に PC + 4 を与える.

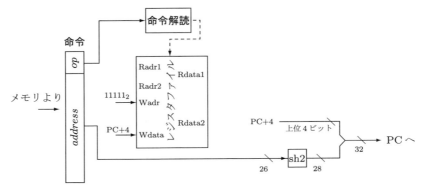

図 7.8 命令実行回路の構成（j, jal 命令）

jr 命令と jalr 命令　R 形式命令である jr と jalr の実行回路は図 7.9 のようになる．ジャンプ先アドレスはレジスタファイルの第 1 出力から供給される．jalr 命令の戻り番地は，rd フィールドで与えられるレジスタに格納する．

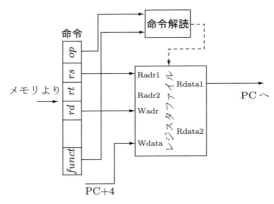

図 7.9 命令実行回路の構成（jr, jalr 命令）

7.1.5　命令実行回路の統合

　ここまでは命令実行回路を個別に構成した．しかし，これらの回路を個々に組み込むことはハードウェアの無駄である．個々の回路には共通に利用できる部分が多いので，マルチプレクサを利用して，これらの回路を統合することができる．たとえば，レジスタファイルの書込みアドレス（Wadr）について見てみると，命令の rd フィールドから与える（R 形式命令など），rt フィールドから与える（ロード命令など），定数 11111_2 を与える（jal 命令），書込み不要の四つのグループに分けることができる．したがって，命令をデコードする際にグループごとに決まった信号をつくり出し，それをマルチプレクサの制御入力に加えることで，回路の共通化が達成できる（図 7.10）．ここで，ctl 信号線がグループを区別する信号で，上述の入力順を仮定している．なお，書込み不要のグループでは，レジスタファイルに書込む動作を行わないので，書込みアドレスとしては何を与えてもよい．

　このような考え方で，ここまでに出てきた命令実行回路を統合する．図 7.11 に統合した

7.1 命令実行回路　75

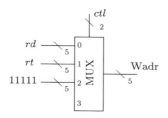

図 7.10　マルチプレクサの利用

回路図を示す．この構成は 1 クロックで 1 命令を実行するので，**シングルサイクル構成**とよばれる．図において，実線はデータ線（アドレス線を含む）を表す．データ線に付随する文字で，たとえば I_{31-26} とあるのは，命令の第 26 ビットから 31 ビットまでの 6 ビットのデータ線を意味する．とくに明記のないデータ線は 32 本である．また，斜め線で分岐するデータ線は，そこで結線されていることを示し，十字に交差するところには，結線はない．なお，MUX5 の上から三つ目の入力の手前の線が合流しているところは，4 本のデータ線と 28 本のデータ線が束ねられて 32 本のデータ線になることを示している．また，メモリは命令メモリとデータメモリに分割し，独立した構成にしている．

一方，破線は制御線である．制御信号の詳細を示すために，まず，本章で示した演算回路が実行できる命令をまとめ，表 7.1 に示す．

つぎに，図 7.11 のマルチプレクサの制御信号をまとめる．各命令に対して，個別回路から当該マルチプレクサの選択入力を調べて，表 7.2 を得る．ここで，数字は MUX の入力ポート

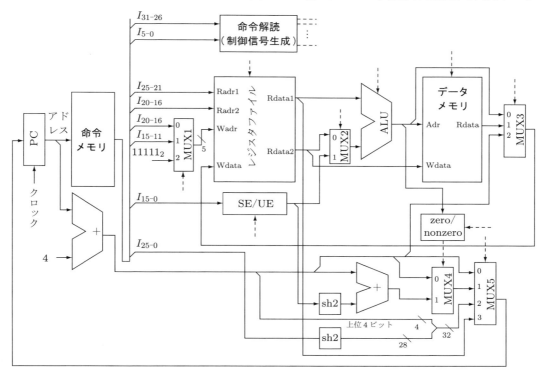

図 7.11　命令実行回路の構成

表 7.1 図 7.11 で実行可能な命令の一覧

命令グループ	所属する命令
R 形式算術論理演算	add, sub, addu, subu, and, or, nor, xor, slt, sltu
I 形式算術論理演算	addi, slti, addiu, sltiu, andi, ori, xori
ロード	lw
ストア	sw
分岐	beq, bne
ジャンプ	j, jr
関数呼び出し	jal, jalr

表 7.2 図 7.11 のマルチプレクサの制御信号

命令グループ	MUX1	MUX2	MUX3	MUX4	MUX5
R 形式算術論理演算	1	0	0	X	0
I 形式算術論理演算	0	1	0	X	0
ロード(lw)	0	1	1	X	0
ストア(sw)	X	1	X	X	0
分岐(beq,bne)	X	1	X	1/0	1
ジャンプ(j)	X	X	X	X	2
ジャンプ(jr)	X	X	X	X	3
関数呼び出し(jal)	2	X	2	X	2
関数呼び出し(jalr)	1	X	2	X	3

の番号を示し[1]，また，X は任意の値でよいことを示す．MUX4 は，分岐命令において，分岐の成立/不成立に応じて 1/0 が選択される．MUX4 を除く各 MUX の制御信号は，命令解読部でつくられる．

このほかには，レジスタファイルの書込み(RW)，SE/UE，ALU の演算，データメモリの読み書き($R/\overline{W}$)，zero/nonzero 選択の制御線がある．これらの制御信号は，表 7.3 のようになる．$R/\overline{W}$ の列の $\overline{W}$ および R は，それぞれ図 4.12 (a)，(b) に示す $R/\overline{W}$ に対応する信号である．また，opc は該当する命令の演算コードを表す．これらの制御信号も命令解読部でつくられる．

表 7.3 図 7.11 におけるその他の制御信号

命令グループ	RW	SE/UE	ALU	$R/\overline{W}$	zero/nonzero
R 形式算術論理演算	1	X	opc	R	X
I 形式(addi, addiu, slti, sltiu)	1	1	opc	R	X
I 形式論理演算	1	0	opc	R	X
ロード(lw)	1	1	add	R	X
ストア(sw)	0	1	add	$\overline{W}$	X
分岐(beq)	0	1	sub	R	0
分岐(bne)	0	1	sub	R	1
ジャンプ(j, jr)	0	X	X	R	X
関数よび出し(jal, jalr)	1	X	X	R	X

---

[1] 該当する入力を選択する制御信号を与えるという意味である．

7.2 バスを用いた構成

前節では，1命令を1クロックで実行する回路構成を示した．これは，命令実行の基本を理解するうえで適切な構成である．また，第8章で説明するパイプライン制御法を考えるうえで基礎となる構成であり，その点で重要な構成である．しかし，この回路構成は，もっとも実行時間のかかる命令に依存してクロック周期が定まる，繰返し演算型の乗算器を組み込むことが難しいなどの問題点がある．この問題を解決することを考えよう．

7.2.1 基本的な考え方と構成例

命令の実行は，一般に

(1) 命令読出し
(2) 命令の解読およびレジスタ読出し
(3) 演算および結果の書込み

という順に行われる．ここで，(1)，(2)は各命令に共通であるが，(3)は命令に依存した処理が行われる．具体的には，R形式命令では算術論理演算，lw命令やsw命令ではメモリの読み書き，分岐命令やジャンプ命令ではジャンプ先アドレスの計算が行われる．また，(3)の実行時間は命令に依存して異なる．そこで，命令実行を(できるだけ均等な時間で実行できる)いくつかの実行ステップに分け，一連のステップで一つの命令を実行するという回路構成をとることが考えられる．これを**マルチサイクル構成**という．その一つの実現方法は，**バス**(bus)を用いた構成である．バスは，複数の計算資源や記憶資源の間でデータを受け渡すために使われる共通の信号線である．バスを用いた命令実行回路の構成例を図7.12に示す．この図の記述スタイルは，図7.11に準じている．

図7.12の構成を詳しく見てみよう．この構成は三つのバス(A, B, C)を用いることから，3バス方式とよばれる．データの衝突を避けるため，バスにデータを出力できる資源は，一時に一つだけが許される．これを実現するために，3ステートバッファを用いて排他制御を行う[1]．図7.11で命令およびデータに分かれていたメモリは，ここでは共通のメモリになっている．そのため，読み出した命令を記憶する命令レジスタ(IR)，および読み書きするデータを記憶するメモリデータレジスタ(MDR)が付加されている．これらは，命令の実行が複数サイクルにわたるので，その間必要な命令やデータを記憶しておくためのレジスタである．なおここでは，メモリは1クロックサイクルで読出しあるいは書込みができるものとする．TEMPレジスタは，ALU演算結果を一時的に記憶するレジスタである．Const4は定数4を出力する．Flagは，ALUの演算結果の属性を記憶するレジスタである．ゼロ(Z)，負(N)，桁上り(C)，オーバーフロー(O)がそれぞれ1ビットで構成される．演算結果が該当する属性を満たすとそのビットがセットされ，ほかはリセットされる．命令を1クロックで実行する図7.11の構成では，演算結果が0か否かを判定する回路(zero/nonzero)のみを用いたが，

---

[1] 図7.12において，3ステートバッファの第3の信号線は，制御信号であることを強調するために破線を用いている．

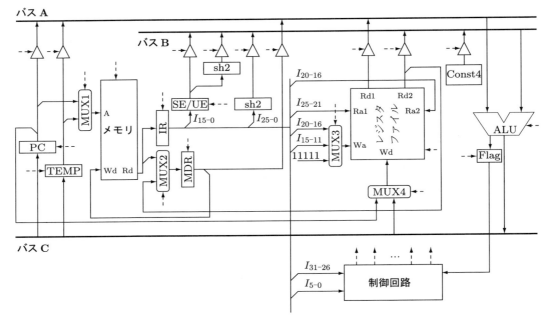

図 7.12 バスを用いた命令実行回路

TEMP: 一時レジスタ　　SE/UE: 符号拡張/符号なし拡張　　Rd1, Rd2: 読出しデータ
A: メモリアドレス　　　sh2: 2 ビットの左シフト　　　　　Ra1, Ra2: 読出しレジスタ番号
Wd: 書込みデータ　　　IR: 命令レジスタ　　　　　　　　Wd: 書込みデータ
Rd: 読出しデータ　　　MDR: メモリデータレジスタ　　　　Wa: 書込みレジスタ番号

ここではフラグレジスタ Flag を用いた構成法を示している[1]．

このバスを用いた構成における 1 クロックサイクルの基本動作は，

(1) レジスタファイルや PC などのレジスタからデータを読み出して，ALU で演算を行い，その結果を適切なレジスタに格納する
(2) アドレスを与えてメモリを読み，結果を IR あるいは MDR にセットする
(3) MDR にあるデータを与えられたメモリアドレスに書く

というものである．ここで，(2) と (3) は一時にはどちらか一方の動作しか許されないが，(1) と (2)，あるいは (1) と (3) は並行して動作することができる．そして，この基本動作を繰り返すことで命令の実行を行う．

7.2.2 制御回路

制御回路は，命令の実行ステップの順序を制御するとともに，命令レジスタおよびフラグレジスタの内容から，この回路全体の制御に必要な信号を生成する．制御回路は，第 5 章で述べたように，状態を制御する順序回路（シーケンサ）である．この回路は有限状態機械 (finite state machine, FSM) ともよばれる．ここでは，表 7.1 に示した命令を実現するものとして，実行手順を状態遷移図として示すこととする．

---

[1] MIPS では，フラグレジスタを用いないという考え方で構成されている．しかし，多くのプロセッサでは，フラグレジスタが用いられている．

状態遷移図は，図 7.13 のようになる．図に示すように，一つの命令の実行は，状態 1 から始まって，矢印の順に進んで完了する．そして，状態 1 に戻りつぎの命令の実行に移る．状態 2 からの遷移は，命令の種別によって遷移先が異なる．各状態における動作を以下に詳しく説明する．

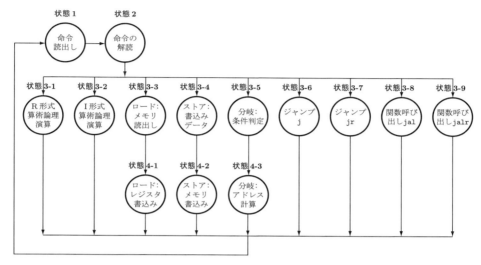

図 7.13 制御回路の動作(状態遷移図)

1. **命令の読出しとプログラムカウンタの更新(状態 1)**：PC の内容をメモリアドレスとしてメモリにアクセスし，読み出された命令を命令レジスタ IR にセットする．並行して，PC の内容と定数 4 をそれぞれバス A とバス B に出力し，ALU でこれらの加算を行い，加算結果を PC にセットする．加算結果は，1 クロックサイクルの最後で PC にセットされるので，メモリアクセス中に PC の値が変わることはない．すなわち，メモリアドレスがクロックサイクルの途中で変わることはない．

2. **命令の解読(状態 2)**：命令を解読し，該当する命令の実行状態へ飛ぶ[1]．命令解読には ALU を必要としないので，後で必要な ALU 計算を先行して実行しておくことができる．ここでは，命令をあたかも lw または sw 命令とみなして，メモリアドレスの計算をする．具体的には，Ra1 で指定したレジスタの内容と IR の下位 16 ビットを符号拡張したデータ(図 7.12 の IR→ SE/UE→ バス B の経路)をそれぞれバス A とバス B に出力し，ALU で加算を行って，結果を TEMP レジスタに格納する．

3. **命令の実行(状態 3)**：命令ごとに以下の演算を行う．

    3-1 R 形式算術論理演算：Ra1 と Ra2 で指定したレジスタの内容をそれぞれバス A とバス B に出力し，ALU で該当する演算を行い，結果を Wa で指定したレジスタに格納する．また，演算結果の属性をフラグレジスタ Flag にセットする．

    3-2 I 形式算術論理演算：Ra1 で指定したレジスタの内容と IR の下位 16 ビットを符号

---

[1] 命令の op フィールドと funct フィールドの値からつぎの状態が決まる．

拡張または符号なし拡張したデータ[1]）をそれぞれバス A とバス B に出力し，ALU で該当する演算を行って，結果を Wa で指定したレジスタに格納する．

3-3 **ロード**：TEMP レジスタの内容をメモリアドレスとしてメモリをアクセスし，読み出したデータを MDR レジスタにセットする（TEMP → MUX1 → メモリ → MUX2 → MDR）．

3-4 **ストア**：Ra2 で指定したレジスタの内容を MDR レジスタにセットする（Rd2 → MUX2 → MDR）．

3-5 **分岐**：Ra1 と Ra2 で指定したレジスタの内容をそれぞれバス A とバス B に出力し，ALU で減算を行い，結果の属性をフラグレジスタにセットする．

3-6 **ジャンプ j**：PC の内容をバス A に，IR の下位 26 ビットを 2 ビット左シフトしてバス B に出力し，ALU でバス A の上位 4 ビットとバス B の下位 28 ビットを連接し，結果を PC にセットする．

3-7 **ジャンプ jr**：Ra1 で指定したレジスタの内容をバス A に出力し，ALU はそのデータをそのままバス C に出力し，それを PC にセットする．

3-8 **関数呼び出し jal**：PC の内容をバス A に，IR の下位 26 ビットを 2 ビット左シフトしてバス B に出力する（IR → sh2 → バス B）．ALU でバス A の上位 4 ビットとバス B の下位 28 ビットを連接し，結果を PC にセットする．並行して，PC の内容（戻りアドレス）をレジスタ 31 にセットする（レジスタ番号：11111_2 → MUX3 → Wa，データ：PC → MUX4 → Wd）．

3-9 **関数呼び出し jalr**：Ra1 で指定したレジスタの内容をバス A に出力する．ALU はそのデータをそのままバス C に出力し，それを PC にセットする．並行して，PC の内容（戻りアドレス）を IR の Rd フィールドで指定したレジスタにセットする（レジスタ番号：IR の Rd フィールド → MUX3 → Wa，データ：PC → MUX4 → Wd）．

4. **命令の実行の続き（状態 4）**：lw，sw，分岐命令の実行の第 2 ステップ．

4-1 **ロード**：MDR のデータをバス A に出力する．ALU はそのデータをそのままバス C に出力する．それを IR の Rd フィールドで指定されたレジスタにセットする（レジスタ番号：IR の Rd フィールド → MUX3 → Wa，データ：MDR → バス A → ALU → バス C → MUX4 → Wd）．

4-2 **ストア**：TEMP レジスタの内容をメモリアドレスとし，MDR レジスタの内容をメモリに書き込む（メモリアドレス：TEMP → MUX1 → A，データ：MDR → Wd）．

4-3 **分岐**：分岐が成立した場合，PC の内容と IR レジスタの下位 16 ビットを符号拡張して 2 ビット左シフトしたデータ（IR → SE/UE → sh2 → バス B）をそれぞれバス A とバス B に出力し，ALU で加算を行い，結果を PC にセットする．分岐が成立しない場合は，何もしない．

命令は，状態 1 → 状態 2 → 状態 3（→ 状態 4）の順に進んで実行が完了する．状態 1 と 2 はすべての命令に共通のステップであり，状態 3 は命令ごとに該当する状態が実行される．

---

[1] addi，addiu，slti，sltiu 命令は符号拡張，I 形式論理演算命令は符号なし拡張する．

7.3 例外と割込み

状態 4 は状態 3 に引き続く状態であり，状態 3 だけでは完了しない命令に対して実行が行われる．そして各状態では，必要な制御信号が生成される．たとえば，状態 1 では，つぎの七つの制御信号を生成する．

- MUX1 の入力選択
- メモリの読出し
- IR の書込み
- PC の値をバス A に出力する 3 ステートバッファの制御
- const4 をバス B に出力する 3 ステートバッファの制御
- ALU の演算（加算）
- PC への書込み

この状態遷移図を第 5 章で示した手順により回路に置き換えたものが，制御回路である．実際の回路構成方法としては，布線論理制御方式とマイクロプログラム制御方式がある．付録 B にその概要を示したので参照されたい．また，マルチサイクル構成では，繰返し演算型の乗算命令も容易に実現できる．その実現方法も付録 B に示しているので，適宜参照されたい．

7.3 例外と割込み

プログラムの実行中に演算結果がオーバーフローを起こしたり，予期せぬメモリアドレスにアクセスすることは，本来は起こってほしくないことではあるが，実際には起こりうることである．このような，プロセッサ内部で発生する予期せぬ事象のことを**例外**とよぶ．これに対して入出力装置からのデータ要求やネットワークからの通信要求など，外部装置からプロセッサに対してなされる処理要求の事象を**割込み**とよぶ[1]．ここで，プロセッサという用語は，図 7.11 や図 7.12 に示すような演算装置と記憶装置および制御装置を合わせたものに用いる．

例外や割込みが発生した場合，本来のプログラムの実行を中断して，その対応に当たることが多くの場合必要になる．もし対応しなければ，プログラムの正しい実行が保証されなくなるであろうし，入出力データが消失することにつながるであろう．以下では，それらに対処する機構の実現について検討する．

7.3.1 例外

例外が発生した場合はプログラムを終了するなど，適切な対処ができるような構成にしておく必要がある．そのためには，回路構成の観点からは，例外を検出する機構を実現し，ソフトウェアの観点からは，発生した例外に対処する適切なプログラムを用意する必要がある．後者は，オペレーティングシステムの中で用意される．具体的には，あらかじめ定められた番地から例外処理プログラムを格納しておき，例外処理プログラムの中では，例外が発生し

---

[1] 例外と割込みは厳密に区別されているわけではない．両者を合わせて割込みという場合もあるし，逆に例外という場合もある．これらの用語の使い方は柔軟に考えてほしい．

たプログラムが使っていたレジスタの内容など，そのプログラムの実行環境を安全なメモリ領域に退避し，例外が何であったかを解析して，それに対応する処理をする．そして，例外要因に応じて，プログラムを終了する，あるいは再開するなど適切な処理を行う．プログラムを再開する場合は，退避したプログラムの実行環境を元に戻し，再開する命令の番地をプログラムカウンタにセットする．この結果，プログラムの再開が可能となる．

オペレーティングシステムがこのような処理をすることを前提とすれば，ハードウェア側は，例外が発生した時点で，例外を起こした命令の番地と例外の原因を保存して，例外処理の開始アドレスを PC にセットすればよい．MIPS では例外を起こした命令の番地を EPC とよばれるレジスタに保存し，例外の要因を Cause とよばれるレジスタに格納する．バスによる構成(図 7.12)でもそのようなレジスタを仮定する．そうすると，PC の周辺は図 7.14 のように変更される．そして，例外が発生した時点で Cause レジスタに要因がセットされるものとする．たとえば，オーバーフローは，図 7.13 の状態 3-1 で発生するので，その状態で要因がセットされるものとする．

そうすると，図 7.13 に状態を一つ付け加えれば，例外処理が容易に実現できる．すなわち，図 7.15 に示すように，一番最初に例外の判定を行うのである．具体的には，状態 0 を追加し，下記の処理を行う．

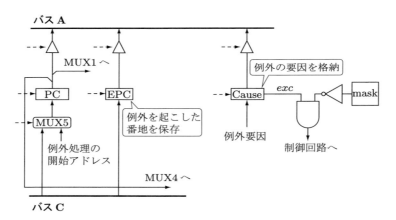

図 7.14　例外処理の追加回路

図 7.15　例外処理の状態の追加

0. **例外判定(状態 0)**：Cause レジスタの値が 0 でなければ，例外が発生した番地を EPC にセットする．また，PC には例外処理の開始番地をセットする．Cause レジスタの値が 0 の場合は何もしない．

図 7.14 において，Cause レジスタから制御回路へいく信号（exc）は，例外要因があるときに 1 となるように構成しておく．したがって，状態 0 では exc を見ることにより，例外の発生を知ることができる．この構成では，状態 0 のなかで，図 7.14 の mask を 1 にセットする操作が必要である．これをしないと，命令を実行するたびに例外処理が起動されてしまうからである．例外処理プログラムの中では，該当する処理を行った後，Cause レジスタの該当する例外要因をクリアする．この結果，ほかに例外要因がなければ，exc 信号は 0 となる．さらに，例外処理の終了時には，図 7.14 の mask を 0 にすることでつぎの例外の発生に備えるとともに，EPC に退避されている番地に戻る特別な命令（MIPS では eret 命令）を実行して中断したプログラムを再開する．

7.3.2 割込み

プロセッサと外部入出力装置との間で入出力を行う方法は，プロセッサ側から入出力装置の状態を見に行くポーリング（polling）と，入出力装置からプロセッサに対して入出力処理要求を行う割込み（interrupt）に分けられる．前者は，プログラム側から自発的に入出力装置にアクセスする手法である．したがって，命令セットに入出力命令を備えておけば実現できる．それに対して後者の割込みは，入出力装置側からプロセッサに対して入出力要求を発する[1]ことで，プロセッサに入出力があることを知らせる方法である．したがって，プロセッサ側にはそれを検知する機構が必要になる．図 7.16 に概念図を示す．

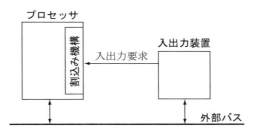

図 7.16 入出力要求の概念図

入出力要求が割込み機構を通じて受け付けられると，プロセッサは実行中のプログラムを中断する．そして，中断したプログラムの実行環境を退避した後，割込み処理プログラムを実行する．割込み処理プログラムでは，外部バスを介してデータの授受を行うなど，適切な処理が行われる．それが終われば，実行環境を回復して中断したプログラムを再開する．このような処理が一般的に行われる．

これらの一連の処理は，例外処理と形のうえでは似通っている．したがって，例外処理と同様に，回路側では，中断したプログラムの番地を記憶するレジスタと割込み要求を記憶するレジスタを用意しておけばよい．これらは，例外の処理機構と同じもの（EPC と Cause）を共有できる．また，割込み処理プログラムの開始アドレスも，例外処理と同じでよい．例外処理プログラムのなかで例外か割込みかの切り分けを行えばよいからである．

---

[1] 出力に関してなぜ出力要求が必要かという疑問がわくかもしれないが，出力装置が使用可能になったことをプロセッサ側に知らせるときなどに割込みを使う．

実際には，割込みは多岐にわたる．そのなかには，優先度の高いものから低いものまでいろいろなものがある．その例としては，

- 電源異常などのハードウェア障害：緊急事態の発生を知らせる割込み．システムのシャットダウンなどの処置を行う．
- タイマー割込み：一定時間経過したら発生する割込み．プロセス[1])の切り替えなどに使用される．
- 種々の入出力装置からの入出力要求：上述の割込み．

などがある．そのため，割込みには優先順位（割込みレベル）が付けられることが多い．図 7.17 はその例を示す．これは，図 7.16 のプロセッサ内の割込み機構の一部である．割込み要求は，割込みレベルごとに記憶される．そして，割込みマスクが割込みレベルごとに用意される．割込みマスクが 0 となっているレベルの割込み要求が受付可能となる．受付可能な割込み要求のなかで，レベルのもっとも高い割込みが受け付けられる．図の例では，1 となっている外部装置の割込み要求のうち，一番左の要求が受け付けられることになる．割込み処理中は，自分よりレベルが高い割込みのみを受け付けるように，割込み処理プログラムは記述される．すなわち，マスクビットを適切にセットしなおしてから，自身の割込み処理を行う．これにより，より緊急度の高い割込みを適切に処理することができる．

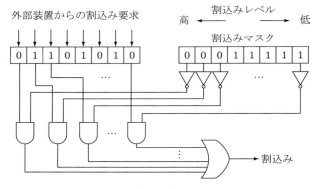

図 7.17　割込み受付機構の例

第 7 章のポイント

コンピュータの構成，すなわち命令を実行する機構について学んだ．

- R 形式，I 形式，J 形式それぞれの命令形式グループに対して，その実行を行う回路を構成できる．
- マルチプレクサを有効に利用することで，各形式の命令を統合して実行する回路を構成できる．1 クロックで 1 命令を実行する構成はシングルサイクル構成とよばれる．
- 各命令をいくつかのステップを踏んで実行し，その各ステップを 1 クロックで実行する構成をマルチサイクル構成という．

---

1) プロセスとは，プログラムとその実行環境を合わせたものをいう．

- シングルサイクル構成とマルチサイクル構成では，1クロックのサイクル時間は異なる．
- マルチサイクル構成における制御回路は，第5章で学んだ順序回路が重要な役割を果たす．
- 例外と割込みは，コンピュータ構成上重要である．
- 割込みは，入出力装置で頻繁に利用される．

演習問題

以下の問題では，必要に応じて表7.4，表7.5の値を使用せよ．ここで，レイテンシは入力を与えてから出力が有効になるまでの遅れ時間である．なお，制御系のレイテンシは無視する．

表7.4

資源	命令/データメモリ	加算器	レジスタファイル	ALU	MUX	SE/UE	sh2
レイテンシ	500 ps	100 ps	200 ps	200 ps	50 ps	50 ps	50 ps

(1) 簡単のため，マルチプレクサ(MUX)のレイテンシは入力数によらず一定とする．
(2) レジスタファイルは，読出し，書込みともに200 psとする．メモリも同様．

表7.5

資源	zero/nonzero	PC/IR/MDR/TEMP	Flag	3ステートバッファ	バス
レイテンシ	50 ps	50 ps	50 ps	20 ps	20 ps

7.1 図7.3において，命令が読み出されてから演算結果が書き込まれるまでのレイテンシを求めよ．

7.2 図7.6において，前問と同様のレイテンシを求めよ．

7.3 図7.11において，PCに次アドレスがセットされてから(図7.2のPCの更新のところから)，もっとも時間のかかる経路上のレイテンシを求めよ(これがクロックサイクル時間を決める)．

7.4 slt演算ができるようにALUを拡張したい．命令の仕様から $rs - rt$ の引き算をして，結果が負なら1，そうでないなら0を出力する回路を構成すればよさそうだが，引き算の結果がオーバーフローすることも考慮しなければならない．どのような構成をしたらよいか検討せよ．

7.5 図7.13の各状態のレイテンシを求めよ．もっとも時間のかかる状態が，クロックサイクル時間を決定する．クロックサイクル時間はいくらになるか．

第8章 パイプライン処理

keywords

パイプライン処理，パイプラインステージ，スループット，構造ハザード，データハザード，制御ハザード，パイプラインストール，フォワーディング，動的分岐予測

　この章では，プロセッサの性能を向上させる種々の技法のうち，パイプライン処理について述べる．パイプライン処理は，自動車工場における組立てラインに対比できる．ベルトコンベア上を自動車が流れて組み立てられるのに対して，コンピュータのパイプライン処理では，命令がベルトコンベアに対応する回路(これをパイプラインという)上を流れて順次実行される．自動車の組立てでは，つぎつぎとつくられる自動車間に依存関係がないので，ベルトコンベアを一方向に移動させればよい．それに対してパイプライン処理では，ある命令が生成したデータをつぎの命令が使用したり，分岐命令のように条件の成立・不成立でつぎに実行する命令が異なるといった制約があるために，パイプラインの流れが乱れるという問題がある．性能向上を図るうえでは，このような制約を緩和する方策を講じなければならない．本章では，これらの点について検討する．

8.1 パイプライン処理の原理

　自動車工場の例では，組立ては多数の工程に分けられ，各工程は同じ時間で作業が終わるように構成されている．したがって，一定時間ごとに工程を進めることができる．各工程の作業時間にばらつきがあると，もっとも時間のかかる工程が作業時間を決め，ほかの工程ではあそび時間ができて時間の無駄が発生することになる．図8.1 (a)は，各自動車がベルトコンベアを流れている様子を表しているが，自動車の製造過程の時間的な流れを主体に見ると，図(b)のようになる．図(b)では，時間の経過とともに自動車が製造されていくこと，各工程の作業時間は同一時間(T)であること，自動車iが時刻jTに工程kの作業を受ければ，自動車$i+1$が時刻$(j+1)T$に工程kの作業を受けることを示している．すなわち，1台の自動車をつくるにはNT時間を必要とするが，n台の自動車をつくるには，$NT+(n-1)T$時間ですむことを示している．一方，流れ作業を行わない場合は，n台の自動車をつくるのにnNT時間かかるわけであるから，流れ作業による時間の短縮は，

$$\frac{NT+(n-1)T}{nNT}$$

となる．無数の自動車をつくる場合，すなわち$n \to \infty$の場合，時間短縮は$1/N$となる．これが，流れ作業による理想的な性能向上である．ここで注意しておくべきことは，流れ作業

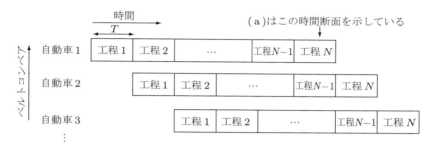

（b）ベルトコンベアを流れる自動車（時間的視点）

図 8.1 パイプライン処理の基本原理

は，1台の自動車をつくる時間を短くするのではなく，単位時間あたりの自動車製造数を増す技法ということである．もう一つの注意点は，各工程の時間にばらつきがある場合，最大工程時間を T' とすると，製造時間は，$NT' + (n-1)T'$ となり，$n \to \infty$ のときの時間短縮は T'/NT となって，短縮率が低下することである（T は均等に分けた場合の工程時間）．このことは，できる限り均等な作業時間となるように，多数の工程に分けることが重要であることを示している．

コンピュータの場合はどうなるであろうか？ 上記の例の自動車に相当するのが，命令である．コンピュータでは，多数の命令を実行することにより，目的の計算を行うのである．個々の命令の実行は，図 7.11 で見たように，つぎのようなステップに分割できる．

1. **フェッチ(F)**：命令メモリから命令を読み出す．
2. **デコード(D)**：命令を解読する．命令の実行に必要なデータをレジスタファイルから読み出す．
3. **演算(E)**：命令に対応する演算を演算装置で行う．
4. **メモリアクセス(M)**：データメモリの読み書きをする．
5. **結果の書込み(W)**：演算結果をレジスタファイルに書き込む．

この各ステップが工程に相当する．各ステップの略号は，それぞれ instruction Fetch, instruction Decode, Execution, Memory access, Write back の意味である．

コンピュータにおける命令実行の流れ作業を**パイプライン処理**という．また，各ステップを**パイプラインステージ**，あるいは単純に**ステージ**あるいは**段**という．また，ステージの代わりに**フェーズ**という言葉を使うこともある．図 8.1 からわかるように，パイプライン処理は，命令の実行時間を短くするのではなく，単位時間あたりの命令実行数，すなわち**スループット**を増す技法である．

8.2 パイプライン処理の基本構成

パイプライン処理でまず考慮しなければならないことは，(1)ステージ間のインタフェースと(2)制御信号の扱いである．各ステージでは異なる命令の異なるフェーズが実行されているわけであるから，各ステージでは，そのステージに必要な情報をすべて保持しておく必要がある．そのため，ステージ間にレジスタを置いて，必要な情報を保持する．このレジスタを**パイプラインレジスタ**という．以下では，図7.11の回路を，前節で述べた5ステージのパイプラインで構成することを考える．まず，図8.2に概観を示す．各パイプラインレジスタには，図に示す名前を付ける(FDR, DER, EMR, MWR)．

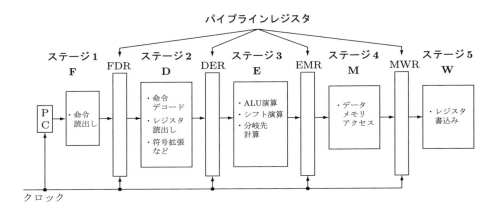

図 8.2 パイプライン処理の概要

パイプラインステージの処理時間(T)を周期とするクロックを用いて，このクロックの立ち上りに同期して，各パイプラインレジスタに各ステージの処理結果をセットする．その結果，つぎのクロックの開始直後には，各ステージのつぎの処理が開始される．パイプライン処理に際しては，以下の点に注意しておく必要がある．

- 次段以降で必要な情報もパイプラインレジスタにセットする．
- ステージ2以降で必要な制御信号は，命令をデコードして初めて決まる．したがって，それらの制御信号をステージ2でつくって，次段以降に送る．
- レジスタファイルに対して，デコードステージ(D)では読出し，結果の書込みステージ(W)では書込みが行われる．レジスタファイルは高速動作ができるので，クロックの前半で書込み，後半で読出しを行うことができるものとする．これにより，同一クロック内でステージ2とステージ5の動作を矛盾なく行うことができる．

以上をもとにして，パイプライン構成を詳細化しよう．サポートする命令は，7.1節で述べた命令である(表7.1参照)．以下に各ステージの処理詳細を述べる．また，図8.3に具体化した図を示す．図7.11と対比しながら見てほしい(図8.3では，紙面の都合で個別の回路を制御する制御信号の多くが省略してあるが，各ステージの制御信号は，そのステージのパイプラインレジスタの *ctl* フィールドから与えられる)．

8.2 パイプライン処理の基本構成 89

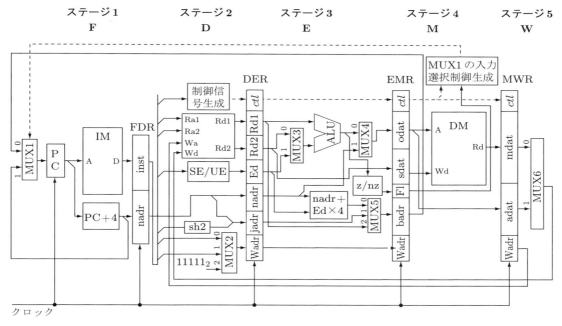

図 8.3 パイプライン処理基本回路構成

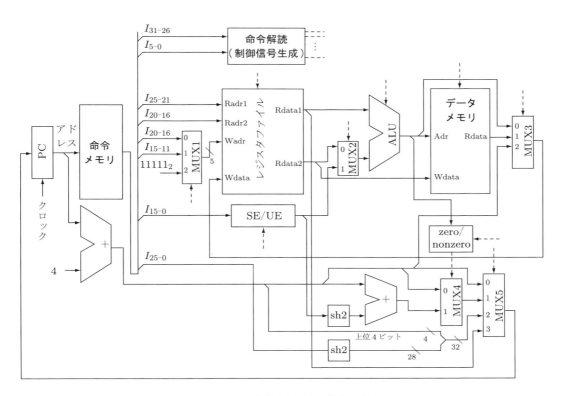

図 7.11 命令実行回路の構成（再掲）

F 命令メモリ IM から命令を読み出し，並行して PC の更新をする．命令はつぎのアドレスにあることを前提としているので，MUX1 の 1 側入力を選択して PC の更新を行う．ただし，分岐命令やジャンプ命令など[1]ではこの前提が崩れ，パイプラインの流れが阻害される．その対処法については後述する．FDR にセットすべき情報（見出しは，パイプラインレジスタのフィールド名と長さ．以下同様）：

[**inst 32 ビット**] 読み出した命令が入る．
[**nadr 32 ビット**] 次命令アドレスが入る．次命令アドレスは，分岐命令やジャンプ命令などの実行に際して先のステージで必要になる．

D 命令をデコード（解読）し，必要な制御信号をつくる．制御信号は，当該命令が D, E, M, W の各ステージで必要とするものである．ステージ D では，SE/UE 回路の選択制御，MUX2 の選択制御をする．E, M, W の各ステージで必要な制御信号についてはパイプラインレジスタ（ctl）にセットする．

並行して，以降のステージで必要なデータを用意する．すべての命令に対応できるように，必要なデータを用意しなければならない．以下のものが必要となり，それらをパイプラインレジスタ DER にセットする．

[**ctl**] 次段以降で使用する制御信号をセットする．
[**Rd1 32 ビットおよび Rd2 32 ビット**] レジスタファイルの第 1 および第 2 読出しデータ．
[**Ed 32 ビット**] 符号拡張 / 符号なし拡張したデータ．
[**nadr 32 ビット**] 次命令アドレス．前段から引き渡される．
[**jadr 32 ビット**] j, jal 命令のジャンプアドレス．nadr の上位 4 ビットと，命令の $address$ フィールドを 4 倍したものを連接してつくられる．
[**Wadr 5 ビット**] レジスタファイルの書込みアドレス．命令によって，rd フィールドまたは rt フィールド，さらに jal 命令では $r31 が書込みアドレスとなるので，これらのうち適切なものを MUX2 で選択する．

E 命令に対応して，算術論理演算，メモリアドレス計算，ジャンプアドレス計算を行う．
[**ctl**] M, W ステージで必要な制御信号をセットする．
[**odat 32 ビット**] R 形式命令および I 形式命令の ALU 演算結果または jal, jalr 命令の戻りアドレスが MUX4 で選択されてセットされる[2]．
[**sdat 32 ビット**] データメモリへの書込みデータ（sw 命令）．
[**Fl 1 ビット**] ALU の演算結果がゼロ（beq 命令のとき）/ 非ゼロ（bne 命令のとき）のとき 1 をセットする．そうでない場合は 0 をセット（図 7.7 参照）．
[**badr 32 ビット**] 分岐先あるいはジャンプ先アドレスがセットされる．MUX5 の 0 側入力は分岐命令（beq, bne），1 側入力は J 形式のジャンプ命令（j, jal），2 側入力は R 形式のジャンプ命令（jr, jalr）の分岐先が入力される．

---

1) ここでは，beq, bne, j, jr, jal, jalr 命令が対象となる．
2) 第 7 章の構成（図 7.11）では，レジスタファイルに書き込む直前のマルチプレクサ（MUX3）で戻りアドレスの選択を行ったが，この構成では，パイプラインレジスタのサイズを減らすためにステージ 3 で選択するようにしている．

[**Wadr 5 ビット**] レジスタファイルの書込みアドレス．前段の Wadr の内容がコピーされる．

上記のフィールドにおいて，関連しない命令のときは，どんな値がセットされてもかまわない．

M データメモリ DM の読み書き，および，PC へジャンプ先アドレスをセットする．

このステージでは，分岐命令（分岐の成立時）およびジャンプ命令に対して，分岐先（ジャンプ先）アドレスを PC にセットする．"MUX1 の入力選択制御生成" 回路がその役割を果たす．ここでは，ctl 制御信号の中に分岐命令あるいはジャンプ命令であることを示す制御信号が含まれているものとする．これにより，分岐（ジャンプ）が必要なとき，MUX1 の 0 側入力が選択されて正しいアドレスが PC にセットされる．ここで，分岐（ジャンプ）する場合，前段の各ステージ（F,D,E）で実行されている命令は無効にしなければならない．なぜなら，それらの命令は，分岐（ジャンプ）しないものとの見込みで先行実行している命令だからである．具体的には，F ステージでは，FDR の内容を副作用を起こさない命令（nop 命令）に置き換える[1]．また，D, E の各ステージでは，DER, EMR の ctl フィールドを nop 命令に相当する制御信号に置き換える．具体的には，レジスタ書込み制御信号とメモリ書込み制御信号を無効化する．このようにすれば，結果的に途中まで実行されていた後続命令は nop 相当命令に置き換えられて実行される．そして，nop 相当命令に引き続いて，分岐先（ジャンプ先）の命令が実行されることになる[2]．各命令は (F, D, E) ステージを実行中に置き換えられるため，レジスタファイルやデータメモリに書込みは行っていないので，途中まで実行されていても，プログラムの実行に影響を及ぼすことはない．

パイプラインレジスタ MWR にセットする制御信号およびデータには，つぎのものがある．

[***ctl***] W ステージで必要な制御信号．

[**mdat 32 ビット**] lw 命令のとき，データメモリから読み出した値がセットされる．

[**adat 32 ビット**] E ステージの演算結果（odat）がセットされる．

[**Wadr 5 ビット**] レジスタファイルの書込みアドレス．前段の Wadr の内容がコピーされる．

W レジスタファイルに書き込むデータの選択，および書込みを行う．

W ステージを実行中の命令（たとえば，`add $s1, $s2, $s3`）の結果を M ステージを実行中の命令（たとえば，`sub $s5, $s1, $s4`）が使う場合を考えると，M ステージを実行中の命令のレジスタの値（この場合は `$s1` の値）は正しい値ではない．正しい値は MWR の adat にある．また，E ステージを実行中の命令についても同様のことがいえる．一方，D ステージを実行中の命令に関しては，この節の最初に述べたレジスタファイルの読み書きに関する仮定により，正しい値が受け渡される．パイプライン処理を正しく行うには，この問題に対する対策を施す必要がある．この問題に関しては，次節で検討する．

---

[1] 副作用を起こさないという意味は，レジスタやメモリの内容を変えないということである．また，nop は no operation の意味．MIPS では `xor $zero, $zero, $zero` に置き換えられる．
[2] 後続命令を nop 相当命令に置き換える回路を図 8.3 には示してないが，実際にはそのような回路が必要である．

8.3 ハザードとその対策

パイプライン処理では，各ステージを命令が途切れることなく流れることが理想であるが，前節で見たように，分岐命令などでは必ずしもそううまくはいかない．パイプライン処理の流れが乱れれば，性能の低下は避けられない．パイプライン処理の流れを乱す事象を**パイプラインハザード**あるいは単に**ハザード**という．ハザードには，**構造ハザード**，**データハザード**，**制御ハザード**の3種類がある．以下では，まず，それぞれのハザードがどのようなものであるかを具体的に述べ，最後にそれらのハザードによる性能低下を最小限にするための構成上の対策について述べる．

8.3.1 構造ハザード

構造ハザードは，資源の競合によって生じるハザードである．典型的な例は，メモリである．メモリは通常，4.3節で述べたように，一時に一つの読出しまたは書込みを許す構造になっている．そのため，命令メモリとデータメモリを単一のメモリ装置として構成すると，命令のフェッチ（読出し）とデータの読み書きが競合することがある（図8.4左の`lw`命令と`and`命令の例）．もちろん，図の`or`命令と`sub`命令のように，先行命令がデータメモリにアクセスしないような場合には競合は起こらない．競合を起こした場合，競合を起こした命令は1クロック停止して，そのつぎのクロックから処理を開始することになる（右図）．

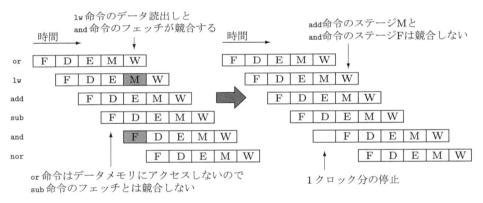

図 8.4 構造ハザードの例

8.3.2 データハザード

先行命令が生成したデータを後続命令が使用するとき，後続命令は，先行命令に**データ依存**しているという．データハザードは，命令間にデータ依存がある場合に発生する可能性のあるハザードである．具体例で見てみよう．つぎの例は，演算ステージで生成されるデータを後続命令が使用する例である．

```
and $t0, $s1, $s2    # $t0 = $s1 and $s2
or  $t1, $s3, $s4    # $t1 = $s3 or $s4
nor $s0, $t0, $t1    # $s0 = $t0 nor $t1
```

上記の命令列では，nor 命令のオペランド$t0 と$t1 がそれぞれ and 命令と or 命令にデータ依存している．この一連の命令を，図 8.3 の計算機上でパイプライン実行する．and 命令がステージ 5 を実行中ならば，or 命令と nor 命令はそれぞれステージ 4 とステージ 3 を実行中である．このとき，ステージ 3 を実行中の nor 命令がレジスタファイルから読み出した演算データ$t0, $t1 は，and 命令と or 命令が生成する前のデータであるので，正しいデータではない（図 8.5 の左図のように実行した場合）．データハザードの発生である．この場合，ハザードに対する対策がないと，and 命令と or 命令が実行を完了するまで nor 命令のステージ 2 以降の実行を進めてはいけない．すなわち，右図のように実行しなければならない．右図において，or 命令のレジスタ書込み（W）と nor 命令のレジスタ読出し（D）は，8.2 節冒頭で述べたレジスタファイルに関する動作規定から，同一クロック内で行っても不具合は生じない．

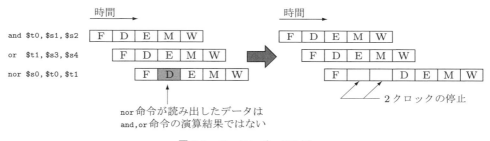

図 8.5　データハザードの例

データハザードのもう一つの例は，メモリアクセスステージ（M）で生成されるデータを後続命令が使用する場合である．

```
lw  $t0, 10($s1)    # メモリの10($s1)番地にあるデータを$t0にロード
add $s0, $t0, $t1   # $s0 = $t0 + $t1
```

この例では，add 命令のオペランド$t0 が lw 命令にデータ依存している．この場合も add 命令の実行は，lw 命令が W ステージを完了するまで，すなわち 2 クロック分，ステージ 2 の実行を遅らせる必要がある．

一方，データ依存関係にある先行命令と後続命令が十分に離れている場合は，すなわち図 8.3 の計算機の例では，先行命令と後続命令との間にデータ依存のない命令が 2 命令以上あれば，データハザードは発生しない．

8.3.3　制御ハザード

分岐命令のつぎに実行される命令は，分岐条件が成立した場合としなかった場合で異なる．このように，分岐命令の実行が終了して分岐先が確定した後でないと後続命令が実行できないとき，後続命令は先行する分岐命令に**制御依存**しているという．制御ハザードは，命令間

第8章 パイプライン処理

に制御依存がある場合に発生するハザードである．制御ハザードは，**分岐ハザード**ともいう．具体例で見てみよう．

```
        beq $s1, $s2, LBL    # $s1 == $s2 なら，ラベルLBLの行に分岐
        add $s0, $s3, $zero  # $s0 = $s3
        sub $s5, $s6, $s0    # $s5 = $s6 - $s0
        sub $s7, $s4, $s0    # $s7 = $s4 - $s0
        ....
   LBL: add $s0, $s4, $zero  # $s0 = $s4
```

上記の命令列では，beq 命令の結果次第でつぎに実行される命令が異なる．この命令列を図 8.3 の計算機でパイプライン実行することを考えよう．beq 命令がステージ 4 を実行中のとき，逐次実行の原則から，ステージ 3, 2, 1 ではそれぞれ，beq 命令に続く add, sub, sub の各命令が実行されている．beq 命令の分岐が成立した場合は，この時点で分岐先アドレス（ラベル LBL の行の番地）が PC にセットされる．この場合，つぎに実行する命令は，LBL の行にある add 命令であり，制御ハザードが発生する（図 8.6 の左図）．このときは，先行して実行していたステージ 1, 2, 3 にある命令は破棄しなければならない．これらのステージでは，それぞれ，命令の読出し，レジスタの読出し，演算を行っていただけであり，レジスタの内容を書き換えるといった以降の命令の実行に影響を及ぼすようなことは行っていないので，単に無効にするだけでよい（右図）．具体的には，nop 相当命令に置き換えればよい．

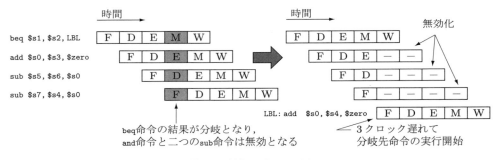

図 8.6 制御ハザードの例

8.3.4 ハザードの対策

パイプライン制御の流れを乱す三つの要因のうち，構造ハザードは計算資源の競合によって生じるものであるから，競合をしない構成をとることで解消できる．たとえば，命令メモリとデータメモリを物理的に異なるメモリとして構成することにより，命令フェッチとデータアクセスの競合は解消できる．図 8.3 はそのような構成になっている．ほかの二つのハザードは実行するプログラムと密接に関係するものであり，プログラムの性質上避けられないものである．しかし，パイプライン構成を吟味することで，ハザードによる性能劣化を最小限に食い止める構成が可能となる．

データハザード対策　データハザードは，ある命令の演算結果を，引き続く命令が参照する場合に発生するものである．図 8.3 の構成では，

(1) ステージ3で生成される演算結果を後続の命令が使用する場合
(2) ステージ4で(lw命令により)データメモリから読み出されたデータを後続の命令が使用する場合

がある．
　(1)の場合：後続命令がステージ3にきたとき，データ依存関係にある先行命令がステージ4または5にあるか否かを調べ，もし，データ依存関係にあれば，ステージ途中にある先行命令の演算結果をステージ3で使えるようにする回路を組み込むことで，パイプライン処理を停止させることなく，正しく実行を継続できる．このように，ステージ途中にあるデータを演算ステージで使えるようにすることを**バイパッシング**(bypassing)あるいは**フォワーディング**(forwarding)という．データ依存関係にあるか否かの判定は，パイプラインレジスタ DER に演算対象となるデータが格納されていたレジスタ番号のフィールド(図 8.7 の Ra1 と Ra2)を追加することで，以下のように容易に実現できる．

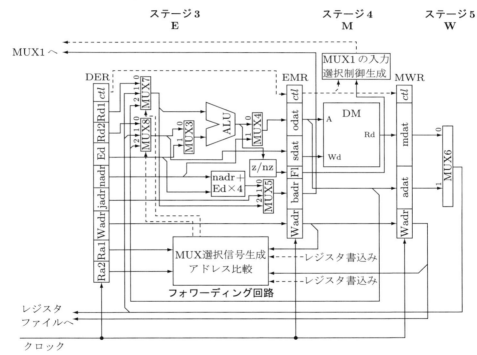

図 8.7　フォワーディング回路

　条件1：ステージ4またはステージ5にある命令が，レジスタに書き込む命令である．
　条件2：ステージ3のALUの第1入力となるデータのレジスタ番号(Ra1)が，ステージ4またはステージ5の書込みレジスタ番号(Wadr)と一致する．
　条件3：ステージ3のALUの第2入力となるデータのレジスタ番号(Ra2)が，ステージ4またはステージ5の書込みレジスタ番号(Wadr)と一致する．

　条件1が成立し，かつ条件2または3が成立する場合に，データハザードが発生する．ALUの入力の前にマルチプレクサを用意しておき，上記の条件に応じて適切な入力を選択

するように回路を構成することで，正しいデータをALUに供給することができ，データハザードを解消できる．なお，ステージ4とステージ5の書込みレジスタ番号が同じ場合は，後続命令により近いほうのデータ，すなわちステージ4のデータを供給するように構成しておく必要がある．回路概要を図8.7に示す．図のフォワーディング回路の中で，上記の条件を調べる回路を構成する．そして，マルチプレクサMUX7, MUX8の入力を選択する制御信号を出力する．これらのマルチプレクサの出力から，正しく選択されたデータがALUに供給される．なお，フォワーディング回路の入力に条件1に対応する二つのレジスタ書込み信号が供給されているが，一つ(図の上側のレジスタ書込み信号)は，EMRの ctl フィールドから与えられ，もう一つはMWRの ctl フィールドから与えられる．また，DERには，読み出したレジスタ番号のフィールドRa1とRa2が追加されている．

(2)の場合：この場合は，レジスタに書き込むデータはステージ4で確定する．データメモリの読出し時間を考えると，ステージ4で読み出したデータをそのままステージ3にバイパスしても，そのクロック内では演算が終わらない．したがって，lw命令の直後の命令がデータ依存関係にある場合は，直後の命令のステージ3の実行を1クロック分停止しなければならない．ハザードは，lw命令がステージ3を実行しているときに検出できる．具体的には，

条件1： ステージ3の命令がlw命令であり，かつステージ2の命令がレジスタを読出す命令である

条件2： lw命令の書込みレジスタアドレスとステージ2の命令のレジスタ読み出しアドレスが一致する

の二つの条件が成立するとハザードが発生する．

ハザードが発生したときは，各ステージの処理をつぎのようにすればよい．

① ステージ1では，PCの更新はしない，かつFDRへの書込みはしない(lw命令の直後の命令がFDRに残る)．
② ステージ2では，副作用を起こさない命令(nop相当命令)をDERにセットする．
③ ステージ3からステージ5に対しては，そのステージの実行結果をパイプラインレジスタにセットする．

この結果，つぎのクロックでは，ステージ2でlw命令の直後の命令の再度のレジスタ読出し，ステージ3で副作用を起こさない命令(nop相当命令)の実行，ステージ4でlw命令のデータ読出し，となり，実質的にステージ3の実行が1クロック分停止したことになる．そして，さらにつぎのクロックでは，lw命令の直後の命令がステージ3に進むが，このとき，必要なデータは，MWRからフォワーディング回路を経由して供給することができる．nop相当命令の挿入処理は，レジスタに書込みをしない，データメモリに書込みをしない，分岐やジャンプ命令ではない，という制御情報を ctl フィールドにセットすればよい．このように，パイプラインの実行を停止することを**パイプラインストール**あるいは単に**ストール**という．

データハザード検出回路を含めたパイプライン制御回路を図8.8に示す．図のデータハザード検出回路において，命令コードとある入力は，ステージ2の命令の op フィールド，すなわち，FDRのinst[31-26]が与えられる．この情報から，レジスタを読み出す命令か否か

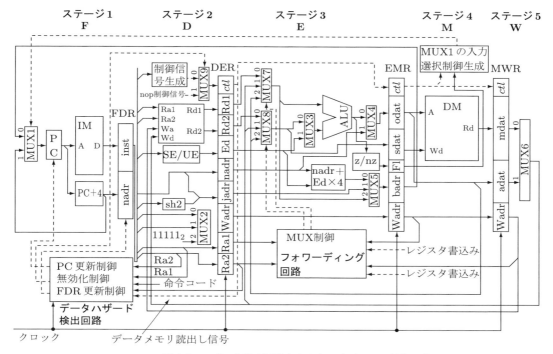

図 8.8 ハザード検出回路を含めたパイプライン制御回路

を判定する．また，無効化制御は，MUX9 の制御信号となる．ハザードが検出されたとき，MUX9 は，nop 相当命令に対応する制御信号（図には nop 制御信号と記載）を選択出力する．

制御ハザード対策　制御ハザードは，分岐命令で分岐が成立したときや，ジャンプ命令などで発生する[1]．図 8.3 の構成では，3 命令分を破棄しなければならなかった（図 8.6）．それは，ステージ 3 で分岐条件の計算（比較演算）を行い，ステージ 4 で分岐制御信号（MUX1 の制御信号）を生成するからである．命令の破棄は，ステージ 1 では FDR の inst フィールドに nop 相当命令をセットし，ステージ 2 と 3 では，ctl フィールドに無効化信号をセットすることで実現できる．これらは，図 8.8 の MUX9 と同様に，該当するフィールドの手前にマルチプレクサを置き，入力選択ができるようにすればよい．また，制御ハザードの検出には，分岐制御信号（MUX1 の入力選択信号）が使える．

さて，分岐制御信号の生成をより早いステージで行うことができれば，破棄する命令の数も少なくでき，性能の低下を抑えることができる．

分岐制御信号の生成をステージ 3 へ移動することは可能であろうか？ これは，図 8.9 のようにすればよい．ただし，この場合はステージ 3 の実行時間がその分長くなるが，それがクロックサイクル時間内に収まるのであれば，破棄する命令は 2 命令ですむので，改善効果が出てくる．そうでない場合はクロックサイクル時間を延ばさなければならないので，それによる性能低下と，破棄する命令数削減による性能向上のトレードオフにより，この移動を行うか否かを決定することになる．

---

[1] ジャンプ命令は，分岐が常に成立する分岐命令と考えてほしい．

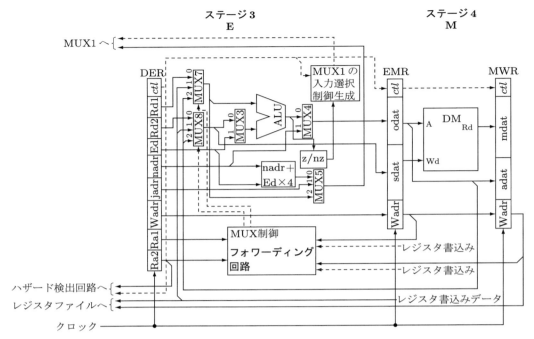

図 8.9 制御ハザードの対策(分岐制御信号の生成をステージ 3 に移動)

さらに，分岐制御信号生成をステージ 2 まで移動することは可能であろうか？ これを行うためには，分岐条件の計算，分岐アドレスの計算，および分岐制御信号の生成をステージ 2 で行う必要がある．これについて検討してみよう．

- 分岐条件の計算をする回路をステージ 2 に入れる必要がある．レジスタの読出しはクロックの後半で行われるので，分岐条件の計算はその後になる．これは，クロックサイクル時間を延ばす要因になる．レジスタのアクセス時間がクロックサイクル時間に対して十分短い場合は，クロックサイクル時間を延ばすことなく，分岐条件の計算ができる．
- 分岐アドレスの計算は，PC と I 形式命令の *immd* フィールドから計算する．これらは FDR から得られるので，ステージ 2 でクロックサイクル内に計算できる．
- 分岐命令が先行命令とデータ依存関係にある場合には，フォワーディングされたデータで分岐条件の計算を行う場合が出てくる．すなわち，データ依存する先行命令(lw 命令以外)がステージ 3 にあるときは，ALU の演算結果をフォワードし，それを使って分岐条件計算をしなければならない．これは ALU 演算 2 回分の時間に相当し，通常は時間的に間に合わないため，ストールが必要となる．lw 命令の場合は，ステージ 4 でもストールが必要となる．このようなことができるフォワーディング回路を追加する必要がある．

これらの条件を満たすように構成できれば，ステージ 2 まで分岐制御を移動できる．この場合，破棄する命令は 1 命令ですむ．

以上は，回路構成上の工夫による性能低下の抑止である．一方で，分岐命令に対して，それを実行したとき分岐するか否かがあらかじめわかれば，つぎの命令の読出しが正しく行われ，ハザードを回避できる．その方法として，分岐予測技法がある．

分岐予測

分岐の判定は比較演算の後となるので，パイプライン段数が多い構成では，分岐が成立した場合の破棄命令数が多くなり，性能が低下する要因になる．実際のコンピュータはパイプライン段数が8を超えるものも多く，また，実際のプログラムでは分岐命令の使用頻度が高いので，分岐ハザードによる性能低下は深刻となる．そこで，分岐予測の技術が開発されている．分岐予測は，プログラム中に現れる分岐命令ごとに，分岐が成立するか否かを予測し，PCに予測した命令アドレスをセットするものである．これにより，予測が当たれば命令の破棄は不要となる．的中率が高くなれば，性能低下を最小限にとどめることができる．現在では，予測的中率が90％を超えている．

分岐予測は，命令メモリから読み出した命令が分岐命令だったら，つぎに実行する命令アドレスを予測するわけであるから，図8.10のような構成が考えられる．図において，分岐予測の箱では各分岐命令の予測情報をもっており，PCの値から現命令が分岐命令か否かを判定し，分岐命令だったら予測結果を出力する．その信号がMUXに入力され，予測したほうのアドレスが選択される．また，分岐するかしないかの予測値をパイプラインレジスタ（Pフィールド）にセットし，分岐判定のステージに送る．分岐判定のステージでは，予測が当たったか否かの判定結果[1]を分岐予測の箱に返す．これにより，予測情報が更新される．

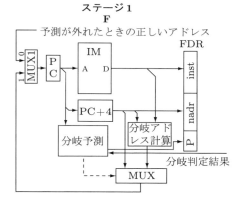

図 8.10　分岐予測回路

次命令アドレスをPCにセットするというこれまでの制御は，予測という観点から見れば，分岐しないと予測することである．しかし，たとえばC言語のforループを見ればわかるように，この予測が当たるのはループから抜け出るときであって，的中率は決して高くない．

そこで，プログラム中の個々の分岐命令に対して，過去において分岐が成立したか否かの履歴を記憶しておき，その情報に基づいて，つぎの分岐の当否を予測する方法が開発された．このような手法は，**動的分岐予測**とよばれている．代表的なものに2ビット予測器がある．これは，分岐履歴を2ビット，すなわち4状態の状態機械で記憶するものである．具体的には，図8.11に示すように，分岐の結果（成立／不成立）により遷移する状態機械を構成する．状態00は分岐不成立の可能性が高い状態，状態11は分岐成立の可能性が高い状態である．状態01と10は過渡状態である．そして，状態が00または01のときは不成立と予測し，10

---

[1] 分岐判定結果には，当否の情報および分岐命令のアドレス情報が含まれている必要がある．

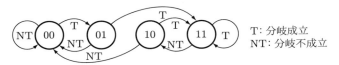

図 8.11 分岐予測の状態機械

または 11 のときは成立と予測する.

この実現には，**分岐履歴テーブル**とよばれる 2 ビット × 2^k のメモリを用いる．k の値はハードウェアに依存するが，典型的な値は 10 前後である．命令アドレスの下位 k ビットを使ってこのテーブル，すなわち 2 ビットの状態機械の値を読み，読んだ値から分岐が成立するか否かを予測する．またこのテーブルは，当該命令が先のステージに進んで，分岐の当否が判明すると状態が更新される．問題点は，命令アドレスが異なる分岐命令でも下位アドレス（k ビット）が同じであると，分岐履歴テーブルの同じアドレスがアクセスされることである．これは望ましくないことではあるが，プログラム実行の局所性を考慮すれば，このような場合でも，ある時間範囲では一つの分岐命令の予測を行っていると期待される．

図 8.10 の構成で実現する場合，分岐が成立すると予測されると，現在の PC アドレスと読み出した命令から分岐先アドレスを計算する必要がある．これは，パイプラインステージの実行時間を長くする要因になる．

第 8 章のポイント

本章では，パイプライン処理について学習した．

- パイプライン処理は，流れ作業である．ベルトコンベア上を一方向に流れる流れ作業は，各ステージが独立しているのでその実現は容易であるが，コンピュータの場合は，そのように単純ではない．
- パイプライン処理では，各ステージの実行時間がほぼ等しくなることが重要である．
- パイプライン処理は，スループットを上げる手法である．
- パイプライン処理を阻害する要因が三つある．それらは，構造ハザード，データハザード，制御（分岐）ハザードである．
- ハザードは，パイプライン処理を停止（ストール）させる．
- フォワーディングを行うことにより，データハザードを回避できる場合がある．
- 制御（分岐）ハザード回避の対策として，分岐予測技法がある．これにより，ハザードの発生をかなり抑えることができる．

なお，ハザードの対策は，ソフトウェアによっても可能であり，種々の技法があるが，本書ではそれらの記述は割愛した．

演習問題

8.1 7.2 節のバス構成において，あるプログラムを実行したとき，実行命令の 80% が 3 ステップ（クロック）で実行され，残り 20% が 4 ステップで実行されたとする．一方，本章の 5 ステージのパイプライン構成でそのプログラムを実行したとき，平均 5 命令の実行につき 1 回のストールが入ったとする．両者のクロックが同じ場合，実行時間はどちらがどれだけ速いか．

8.2 クロックサイクル時間が T で 5 ステージ構成のパイプラインプロセッサ P1 と，クロックサイクル時間が $T/2$ で 10 ステージ構成のパイプラインプロセッサ P2 がある．

(1) 理想的な条件下では，どちらがどれだけ速いか．
(2) プロセッサ P1 は平均 5 命令につき 1 ストールが入り，プロセッサ P2 は平均 5 命令につき 2 ストールが入るとすると，どちらがどれだけ速いか．
(3) P2 のクロックサイクルが $0.6T$ である場合，(2) の結果はどうなるか．

8.3 つぎのプログラムでデータ依存関係を列挙せよ．

```
sub  $s2, $s1, $s3
and  $t4, $s2, $s5
or   $s5, $s6, $s2
add  $t6, $s2, $s5
sw   $t7, 100($s2)
```

8.4 図 8.11 の分岐予測のもとで，つぎのプログラムを実行したとき，各分岐命令の予測的中率はどれほどか．なお，初期状態はいずれの分岐命令も 01 の状態とする．

```
        add   $s1, $zero, $zero
        add   $s0, $zero, $zero
LOOP:   slti  $t0, $s0, 100
        beq   $t0, $zero, EXIT
        andi  $t0, $s0, 1
        bne   $t0, $zero, NEXT
        add   $s1, $s1, $s0
NEXT:   addi  $s0, $s0, 1
        j     LOOP
EXIT:   ...
```

第9章

キャッシュメモリ

keywords

キャッシュメモリ，局所性，記憶階層，透過性，ダイレクトマップ，セットアソシアティブ，フルアソシアティブ，ヒット，ミス，ライトスルー，ライトバック，一貫性，LRU

　パイプライン制御では，各パイプラインステージの実行時間が同じになるようにステージを分割することが重要であった．命令メモリとデータメモリに関しては，パイプラインステージの実行時間に即した性能をもつメモリを仮定した．大容量で高速にアクセスできるメモリがあればよいのだが，実際にはそのようなメモリをつくることは困難である．そこで，見かけ上そのように振る舞うメモリシステムを構成できないかということが課題となる．本章では，その解決法としての記憶階層とキャッシュメモリについて述べる．

9.1 キャッシュメモリとは

　キャッシュ(cache)とは，「(食料や武器の)隠し場所」という意味の言葉から転用された用語であり，**キャッシュメモリ**(単にキャッシュともいう)は，メインメモリの背後にあって，メインメモリの一部の写しを(短時間の間)記憶し，かつ高速に読み書きができるメモリのことをいう．メインメモリに匹敵するような大きな容量のキャッシュを構成することは，後述のように技術的・コスト的に困難である．パイプライン制御では，パイプラインステージの動作時間に見合ったメモリが必要であるが，その要求を満たすのがキャッシュメモリである(図9.1)．第8章に示した命令メモリやデータメモリは，暗にキャッシュメモリを想定しており，メインメモリはその外にあって，キャッシュメモリとメインメモリの間で適切にプログラム(命令)やデータがコピーされるものとしている．したがって，キャッシュメモリを考えるとき，どのようにキャッシュメモリを構成するかという問題のほかに，メインメモリとキャッシュメモリの間でプログラムやデータをどのようにやり取りするかということが検討すべき重要な問題となる．

　読み書き可能なメモリ素子としては，スタティックRAM (SRAM)とダイナミックRAM (DRAM)がある(第4章参照)．SRAMは4個ないし6個のトランジスタでメモリセルが構成されるのに対し，DRAMは1個のトランジスタと1個のコンデンサでメモリセルが構成されるので，ICチップ上の単位面積あたりに構成できるメモリセル数はDRAMのほうが多くなる．一方，典型的なメモリアクセス時間は，SRAMが数ナノ秒であるのに対して，DRAMは数十ナノ秒と1桁異なる．

　また，ICの内部回路からピンを通して信号を外部に出力するためには，雑音に対する安定

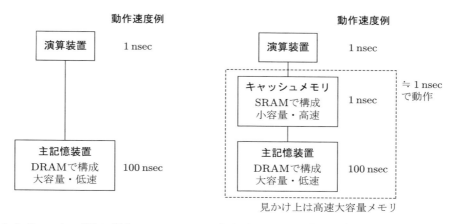

図 9.1 キャッシュの考え方

性を確保するために，信号駆動回路とよばれる回路を通して信号を増幅しなければならない．駆動回路を通すことはアクセス時間の増加につながる．したがって，同じ IC チップ内に演算装置とメモリを構成することができれば，アクセス時間の増加を抑えることができる．一方で，IC チップの大きさはいくらでも大きくできるかというと，そうはいかない．製造過程で，ほこりなどの影響により，単位面積あたり何か所という割合で IC チップ上に回路不良が発生することは避けられない．面積を大きくすれば，IC チップが回路不良となる確率は大きくなる．そのため，大きさに制約が生じる．典型的な IC チップの大きさ（面積）は約 10 mm 四方である．現在の技術では，この面積の中に数千万〜数億個のトランジスタを構成することができる．この範囲で，演算装置，制御装置，（キャッシュ）メモリを構成するのが，現在の典型的な CPU の構成である．

IC チップ内に構成した場合，SRAM は 1 ナノ秒以下の時間でアクセスができ，パイプライン制御に必要なアクセス時間を満たすことができる．その代わりに，メモリ容量には犠牲を払わねばならない．現在の典型的なキャッシュメモリ容量は数十 KB である．メインメモリは，別の IC として構成する．その結果，アクセス時間はかかるが大容量のメモリを構成することができる．CPU とメインメモリをバスで接続し，適切な制御回路を付加すれば，キャッシュメモリとメインメモリの間でプログラムやデータのやり取りができる．

プログラムおよびその実行に必要なデータをメインメモリに格納しておき，必要な部分をメインメモリからキャッシュメモリにコピーして，キャッシュメモリ上でプログラムの実行を行う．プログラムやデータがキャッシュに入りきる程度の大きさなら，キャッシュだけでプログラムの実行ができるから，非常に高速な実行が期待できる．しかし，キャッシュに入りきらないような大きなプログラム（データも同じ）は，その一部をキャッシュにコピーして実行を進め，キャッシュにないプログラム部分の実行が必要になったら（キャッシュにすで

にあるプログラムを取り除き), 必要部分をメインメモリからキャッシュにコピーして実行を続けなければならない. このコピー時間は, メインメモリのアクセス時間とコピー量の積で決まるから, キャッシュアクセス時間に比べると, 非常に大きな時間になる. このようなコピーが頻発すると, プログラムの実行効率が著しく低下し, キャッシュの効果がなくなってしまう.

しかし, 実際のプログラムを観察すると, C言語におけるfor文などの繰返し構造がよく現れる. これは, 繰返しの部分の実行時間が比較的長くなることを示している. また, 繰返し1回あたりに実行する命令の数は, 比較的少ないという特徴もある. このように, プログラムの比較的短い部分が比較的長く実行されることを, プログラムの実行には**局所性**があるという[1]. そして, プログラムの一部が比較的長時間実行される特徴を**時間的局所性**といい[2], 繰返し実行される部分の長さが比較的短いという特徴を**空間的局所性**という[3]. 多くのプログラムは, このような特徴を有する. プログラムが局所性をもつことは, キャッシュにとっては好都合である. なぜなら, 空間的局所性によりプログラムの短い部分がキャッシュに入り, 時間的局所性によりその部分が長く実行されることから, メインメモリからキャッシュへのコピー操作が著しく減少することが期待できるからである.

キャッシュメモリとメインメモリというように異なる性質をもつメモリを組み合わせて階層的に構成したメモリシステムの階層を, **記憶階層**という. 最近のシステムでは, キャッシュメモリは2階層で構成されることが多い. より高速のメモリで構成されるキャッシュを**一次キャッシュ**とよび, 他方を**二次キャッシュ**とよぶ. 典型的な一次キャッシュの容量は数十KB, 二次キャッシュの容量は数MBである. なお記憶階層は, ハードディスクなどの外部記憶装置までを対象に含める.

メインメモリとキャッシュメモリとの間のコピー操作は, 当然のことながらプログラムに意識させるべきではない. すなわち, 記憶階層をプログラマに意識させるべきでない. プログラマには, あたかも高速で大容量の(1階層の)メモリがあるという認識のもとでプログラムを書くようにさせるべきである. このように, 記憶階層を意識せずにプログラムできるというような, 本来もつべき機能のみをプログラマに見せるという構成を, **透過性**のある構成という.

9.2 キャッシュメモリシステムの動作概要

この節では, キャッシュメモリシステムの具体的な動作概要について述べる.

1回にコピーする分量には適切な大きさがあり, これを単位としてコピーを行う. この単位を**ブロック**とよぶ. これはまた, **キャッシュブロック**あるいは**キャッシュライン**ともよばれる. 現在の多くのコンピュータでは, ブロックの大きさは数バイト～数十バイトである(2

---

[1] この特徴を, プログラムの20%の部分で, 実行時間の80%を占める, というような表現をすることがある. これを20-80法則という.
[2] 時間的局所性は, あるメモリ番地が参照されると, その番地が時間をおかずに再び参照されるという性質, と定義される.
[3] 空間的局所性は, あるメモリ番地が参照されると, その番地の近くの番地が引き続き参照される性質, と定義される.

のべき乗).キャッシュとメインメモリのアドレス空間は,ブロックに分けられる.そして,以下のように動作する[1](図 9.2 参照).

(a) 初期状態では,キャッシュメモリは空で,メインメモリにはプログラムおよびデータが格納されているものとする.
(b) プログラムの実行が始まると,最初の命令が格納されているブロックがキャッシュにコピーされ,実行が始まる.
(c) 実行が進むにつれ,つぎつぎに必要なブロックがキャッシュにコピーされ,実行が継続される.コピーされるブロックには,データが格納されているブロックも含まれる.実行が進むにつれて,データのブロックはストア命令により内容が更新されるであろう.
(d) やがてキャッシュはコピーされたブロックで一杯になる.そして,さらにコピーの必要な新たなブロックが生じる.
(e) プログラムの実行を継続するために,適当なブロックを選び,キャッシュからメインメモリに書き戻す(そのブロックの内容が変更されていなければ,書き戻す必要はない).
(f) 選ばれたブロックのところに新しいブロックをコピーして,実行を継続する.

このようにして,プログラムの実行が進んでいく.

この動作概要から,キャッシュの構成にあたっては,以下の点について考えておかねばならないことがわかる.

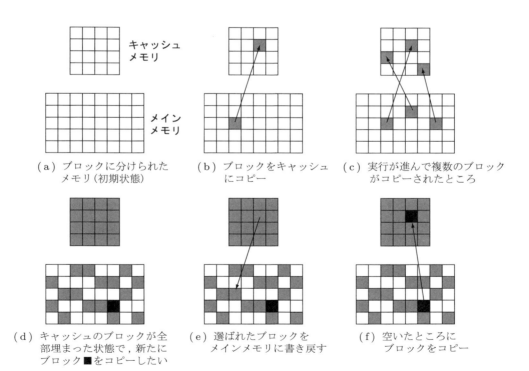

図 9.2 キャッシュの動作

---

[1] 図は 2 次元状に記述しているが,アドレス空間は本来 1 次元である.

1. キャッシュのどこに(どのブロックに)コピーするかという問題，すなわちキャッシュメモリのアドレスとメインメモリアドレスの関係
2. キャッシュへコピーしたブロックとメインメモリの元のブロックの内容は常に一致していないといけないのかという問題
3. キャッシュにコピーが存在しない場合のコピー手順
4. キャッシュに空きがない場合の取扱い

このなかで，1については，つぎの3通りの方法がある．

(a) ダイレクトマップ方式
(b) セットアソシアティブ方式
(c) フルアソシアティブ方式

以下では，まずダイレクトマップ方式を取り上げ，その構成を示す．この構成とともに，上記の2～4の問題についても検討をする．その後で，セットアソシアティブ方式およびフルアソシアティブ方式について言及する．

9.3 ダイレクトマップ方式

ダイレクトマップ方式は，メインメモリのブロックがコピーされるキャッシュメモリ上の場所が一意に決まっているマッピング方式である．便宜上，アドレスの若いほうから $0, 1, 2, \cdots$ とブロックに番号をつけておく．ブロックの大きさを 2^k バイトとすれば，n ビットアドレス空間の場合，アドレスの上位 $n-k$ ビットがブロック番号を表し，下位 k ビットがブロック内のアドレス(ブロック内オフセットという)を表す(図9.3)．キャッシュメモリが 2^m 個のブロックを格納できる大きさとすると，ダイレクトマップ方式では，ブロック番号の下位 m ビットが同じ値のブロックは，キャッシュの同じ位置(エントリー)に割り当てられる．つまり，まずメモリアドレスを図9.4のように四つのフィールドに分ける．すなわち，ブロック番号をタグとインデックスに分け，ブロック内オフセットをブロックインデックスとバイトオフセットに分ける．そうすると，キャッシュのブロックはインデックスのフィールドで番号づけられる．そのため，ブロック番号が異なる二つのブロックでも，インデックス部分が等しければキャッシュ内では同じブロックに割り当てられる．したがって，キャッシュの各

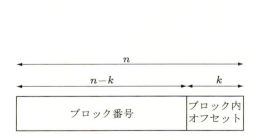

図9.3 ブロック番号

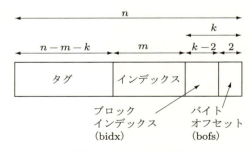

図9.4 フィールド分け

ブロックには，メインメモリのどのブロックが割り当てられているかを判別できるように，タグの部分の情報を付加できるようにしておかなければならない．一方，ブロック内オフセットフィールドは，読み書きの単位を 1 語 4 バイトとすると，2 ビットのバイトオフセットと $k-2$ ビットのブロックインデックスに分けられる．

典型的なダイレクトマップ方式のキャッシュの構成は，図 9.5 のようになる．この図は，1 ブロック 16 バイト（4 語）で 4096 ブロックからなるキャッシュの例を示している．図の有効，書込み，タグが各ブロックに付加される情報である．有効ビットは，対応するブロックに有効な命令やデータが格納されていることを示す 1 ビットのフラグであり，書込みビットは，当該ブロックに書込みがあったことを示す 1 ビットのフラグである．また，タグはアドレスのタグフィールドの値が格納される．以下，命令の実行時におけるキャッシュの動作を示す．

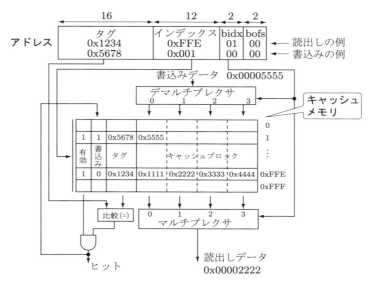

図 9.5 典型的なダイレクトマップキャッシュの構成

まず，いくつかの用語を述べる．キャッシュにアクセスしたとき，該当するブロックがキャッシュ内にある場合を**ヒット**（あるいはキャッシュヒット）という．そうでない場合は，**ミス**（あるいはキャッシュミス）という．キャッシュミスを起こした場合，該当するブロックをメインメモリからキャッシュにコピーするのに必要な時間を**ミスペナルティ**という．また，ミスを起こす割合を**ミス率**という．

以下では，たとえば図 8.3 のパイプライン構成で，命令メモリやデータメモリがダイレクトマップ方式のキャッシュメモリであり，その背後にメインメモリがあることを前提とし，命令／データの読出しを行った場合，あるいはデータの書込みを行った場合の動作を説明する．

読出し動作（命令，データの読出し）　　メモリアドレスが与えられると，そのインデックスフィールドで指定したキャッシュエントリー（図 9.5 の 1 行分）が読み出される．メモリアドレスのタグフィールドとキャッシュ内のタグ部の値が一致し，さらに有効ビットがセットされていれば，キャッシュヒットである．読み出したキャッシュブロックのうち，ブロック

インデックスフィールドで指定した語がマルチプレクサで選択されて出力される．図9.5では，読出しアドレスとして0x1234FFE4が与えられた場合の例（ヒットの例）を示している．キャッシュミスの場合は，後述するブロックのコピーあるいは入れ替えが行われる．その後，再度読出し動作を行う．

■書込み動作（データの書込み）　読出し動作の場合と同様に，タグ部の比較，有効ビットの検査が行われ，ヒットすればキャッシュに書込みが行われ，書込ビットに1がセットされる．図9.5では，書込みアドレスとして0x56780010が与えられた場合の例（ヒットの例）を示している．図は，書込み完了後の状態を示している．キャッシュミスの場合は，ブロックのコピーあるいは入れ替えの後，再度書込み動作を行う．

キャッシュミスが発生する原因には二つの場合がある．有効ビットがセットされていない場合と，有効ビットはセットされているがタグが一致しない場合である．

有効ビットがセットされていない場合：この場合，アクセスしたエントリには有効なデータが格納されていない．したがって，メインメモリから，該当するブロックをキャッシュにコピーする．すなわち，ブロックがメインメモリから読み出され，インデックスフィールドの指し示すエントリに書き込まれる．同時に，アドレスのタグフィールドの値がタグ部に書き込まれ，有効ビットがセットされる．また，書込ビットはクリアされる．この一連の操作は，OSによって行われる．その後，上記の読出し動作あるいは書込み動作が再度行われる．

有効ビットはセットされているがタグが一致しない場合：この場合，キャッシュにあるブロックは有効なブロックであるから，原則としてブロックの入れ替えを行う．ブロックの入れ替えを行うのは，書込ビットがセットされている場合である．インデックスの値とタグ部の値からメモリアドレスを求め，当該ブロックをメインメモリに書き戻す．その後に必要なブロックをコピーする．コピー手順は，有効ビットがセットされていない場合と同じである．

ここで，キャッシュへの書込み方式について述べる．書込みには二つの方法がある．**ライトスルー方式**および**ライトバック方式**である．

ライトスルー方式は，キャッシュに書き込むと同時にメインメモリにも書き込む方式である．ライトスルー方式では，キャッシュにあるデータとメインメモリにあるデータが常に一致している．これをキャッシュとメインメモリの**一貫性**という．ライトスルー方式では，命令の実行に際してメインメモリの書込みが完了するまで待っている必要がある．そのため性能低下の要因となる．性能低下を避けるために**ライトバッファ**が用いられることがある．ライトバッファは，書込みデータを一時的に保存しておく（複数個の）レジスタである．ライトバッファに書き込むことにより，メインメモリに書いたとみなして当該命令の実行を完了し，つぎの命令の実行に移る．ライトバッファからメインメモリへの書込みはその後に行われる．ライトバッファへの書込み速度はキャッシュメモリへの書込み速度と同程度であるので，命令実行速度の低下は避けられる．しかし，（ライトバッファの容量を1語分として）ライトバッファからメインメモリへの書込みが完了する前に別の書込み命令が実行されると，その命令のライトバッファへの書込みは，いま実行中のメインメモリへの書込みが完了するまで待たされる．ライトバッファの容量を増やせば待ち時間の改善は可能であるが，書込み命令が頻発する場合にはその効果は薄い．ライトスルー方式では，書込ビットは不要である．

一方，ライトバック方式は，命令実行時の書込みをキャッシュに対してのみ行い，メインメモリには書き込まない．メインメモリへの書込みは，当該キャッシュブロックの置き換え時に，そのブロックをメインメモリに書き戻すことで行われる．したがって，書込みによる命令実行の性能低下は避けられる．しかし，一貫性は保たれなくなる．

9.4 セットアソシアティブ方式とフルアソシアティブ方式

　ダイレクトマップ方式は，メモリブロックのキャッシュ上の割り当て先（ブロック）が一意に決まっていた．このことは，回路をつくるうえで構成が簡単になるというメリットはあるが，割り当て先が一か所という意味で柔軟性に欠ける．割り当て可能なブロックが複数あれば，柔軟性が増し，キャッシュミスの低減が期待できる．究極の割り当て法は，キャッシュ上の空いているところならどこに割り当ててもよいという方法である．この方式を**フルアソシアティブ**(fully associative)**方式**という[1]．この方法は柔軟性が非常に高いので，理想的な方法である．しかし，空いているブロックをどのように見つければよいか，あるいはどのように管理すればよいか，という問題がついて回る．これは難しい問題で，現段階では効率のよい方法を見つけるのは困難である．そのため，フルアソシアティブ方式は，現在のところ，10.4 節で述べるような特殊な場合を除いて実装されることはない．

　そこで，ダイレクトマップ方式とフルアソシアティブ方式の中間の方式を考える．いわゆる，いいとこどり方式である．これを**セットアソシアティブ**(set associative)**方式**という．

　キャッシュ上のメモリブロックをグループ化する．主記憶上のブロックは，キャッシュ上の一つのグループに割り当てられる．グループ内では，どのブロックに割り当ててもよい．これが，セットアソシアティブ方式である．グループ内のブロック数が n である場合，n-way セットアソシアティブキャッシュといい，n のことを連想度という．セットアソシアティブの名前は，グループをブロックの集合 (set) と考えて，グループ内はフルアソシアティブで割り当てるというところからきている．

　セットアソシアティブキャッシュでは，セット内では任意の（キャッシュ）ブロックに割り当てることができるので，その分割り当てに柔軟性がある．すなわち，キャッシュミスの低減が期待できる．

　そうすると問題は，一つのセットに割り当てるメモリブロックをどう決めるかである．図 9.6 がその一例である．これは，4-way セットアソシアティブ構成であり，1 ブロックは 4 バイトで構成されている．インデックスが同じ四つのキャッシュブロックが一つのセットである．ブロックごとにデータのほかに有効ビット，書込みビットおよびタグがある（図では書込みビットを省略している）．アドレスが与えられると，インデックスのフィールドを用いてセットがアクセスされる．セット内の各タグが読み出され，アドレスのタグフィールド（この例では上位 22 ビット）と比較される．一致するものがあれば，さらに有効ビットがチェックされ，ヒットしたか否かがわかる．ヒットした場合，マルチプレクサを通じて有効なデータが出力される（ヒットしなかった場合は，キャッシュミス例外が発生する）．なお，図 9.6 に

---

[1] アソシアティブ方式は，日本語では連想方式とよばれる．

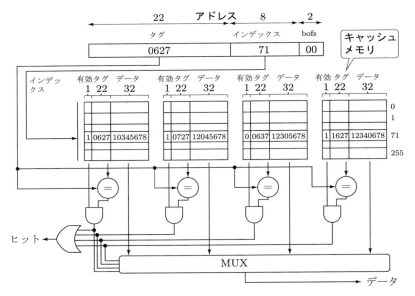

図 9.6 4-way セットアソシアティブキャッシュの構成例

おいて，MUX の制御入力は，ヒットしたブロックのデータが選択出力されるように構成されているものとする．書込みについても，ヒット/ミスの判定は上記のように行われ，（ヒットした場合の）書込みは，ダイレクトマップで述べた仕方で行われる．

図からわかるように，主記憶のブロックとセットの対応は，インデックスフィールドの値で決まる．図の例では，インデックス 71 のセットはまだ一杯ではないので，インデックス 71 をもつ新たなブロックがアクセスされた場合は，キャッシュミスを起こして，有効ビットが 0 のブロックにコピーが行われる．複数の空きがある場合は，どれかを適当に選んで，そこにコピーする．

それでは，一杯の場合はどうなるであろうか？　アクセスしたセットが一杯だった場合，ブロックの入れ替えを行わなければならない．どのブロックを追い出したらよいものか？　最近アクセスされなかったブロックは，これからもアクセスされることは少ないだろうという考え方がある．この考え方に従って，最近もっとも使われなかったブロックを追い出すというアルゴリズム（**LRU** (Least Recently Used) という）がある．このアルゴリズムの実現は，2-way セットアソシアティブの場合は簡単である．それは，フリップフロップ(FF)で実現できるからである．具体的には，セットごとに FF を用意しておく．セット内には二つのブロックしかないので，一方のブロックがアクセスされたら FF をリセットし，他方のブロックがアクセスされたら FF をセットする．このようにしておけば，最近もっともアクセスされなかったブロックは，FF の値に対応しないほうのブロックである．

連想度が大きくなると LRU を実現するのは難しい．4-way のときどう実現したらよいか考えてみてほしい（ハードウェアで実現すること，高速に判定できないといけない，などを考えると，実現が難しい）．このような場合は，追い出すブロックをランダムに選択するという方法がよく採用される．

9.5 キャッシュの効果

実際にキャッシュを導入した場合，どのくらいの高速化が可能であろうか？ 3通りの場合で比較してみよう．

(a) 主記憶のみの場合
(b) 主記憶とキャッシュから構成される場合（現実的な場合）
(c) キャッシュのみの場合（理想的な場合）

キャッシュのアクセス時間を1クロックサイクル時間として，プログラムの実行時間を考えよう．ここで，以下のような仮定を置く．

- 主記憶のアクセス時間は，50クロックサイクル時間．
- キャッシュミスのペナルティは100クロックサイクル時間．
- キャッシュのミス率は5%．
- 実行する命令は，表7.1の範囲の命令とする．

主記憶のみの場合

ステージの実行時間がバランスしないので，パイプライン構成を採用してもメリットがない．ここでは，バス構成を前提としよう．簡単のため，図7.13をベースに命令の実行時間を算出しよう．この図からプログラムの実行時間を算出するため，命令の実行割合をつぎのように仮定する．

  ロード命令とストア命令：30%
  分岐命令：15%
  その他の命令：55%

メモリアクセスは50クロックである[1]．そうすると，各命令の実行サイクル数は，

  ロード命令とストア命令：102クロックサイクル
  分岐命令：53クロックサイクル
  その他の命令：52クロックサイクル

となる．全体でI命令実行したとすると，総実行クロックサイクル数は，

$$I \times 0.3 \times 102 + I \times 0.15 \times 53 + I \times 0.55 \times 52 = 67.15I$$

となる．

主記憶とキャッシュから構成される場合

第8章のパイプライン構成を前提とすると，命令メモリとデータメモリのアクセスを考慮しなければならない．データメモリのアクセスは，実行した命令の30%とする．そうすると，全体でI命令実行すれば，データメモリは$0.3I$回アクセスされる．

---

[1] メモリアクセスに複数クロックを要する場合は，第4章のメモリ構成ではうまくいかない．メモリ側に読出し/書込みが完了したことを示す制御信号を用意し，制御側はその信号がオンになるまで読出し/書込みの制御信号を出し続けるという構成にする必要がある．また，読出しと書込みをそれぞれ独立した制御線とすることも必要である．ここでは，そのように構成されていると仮定する．

パイプライン構成では，ハザードが発生し，実行時間を増やす要因となる．データハザードと分岐ハザードの発生頻度を算出するには，実際のプログラムを実行して計測することになるが，ここでは，20%の命令がハザードを起こし，1クロック分ストールするものとしよう．そうすると，キャッシュミスがない場合の実行時間は$1.2I$クロックかかることになる．これにキャッシュミスに伴う時間増を考える．実行した命令の5%が命令キャッシュミスを起こし，さらに，データアクセス命令に対してその5%がデータキャッシュミスを起こす．ミスペナルティは100クロックであるから，実行時間は，

$$1.2I + 0.05I \times 100 + 0.3 \times 0.05 \times I \times 100 = 7.7I$$

となる．

キャッシュのみの場合

これは理想的な場合であるが，ハザードについては，避けようがない．すなわち，キャッシュミスは起こらないがハザードは発生する．よって，上記の検討よりわかるように，この場合の実行時間は，$1.2I$となる．

以上から，主記憶＋キャッシュの場合を基準に実行時間を比較すると，主記憶のみの場合は8.7倍遅く，キャッシュのみの場合は6.4倍速くなる．別のいい方をすれば，主記憶＋キャッシュの場合は，キャッシュのみの理想の場合の16%程度の性能ということになる．

もし，キャッシュミスが1%になると，キャッシュの効果はどうなるであろうか？ほかの要因は変わらないとして計算すると，主記憶＋キャッシュの場合の実行時間は$2.5I$となる．したがって，主記憶のみの場合と比較すると，26.9倍の効果ということになる．また，キャッシュのみの理想的な場合の48%の性能ということになる．このことからもわかるように，キャッシュミスを低下することは，重要なファクタである．

ここでの計算は一例であり，実際には，ベンチマークプログラム[1]などを用いて，ミス率を計測する必要がある．また，ここで考えている命令は，演算(E)ステージを1クロックで終えることを前提としている(7.1節参照)が，命令によっては，演算ステージで複数クロック要するものもある．たとえば，繰返し型の乗算(図B.2参照)や除算命令などが該当する．この場合は，演算に伴うストールが発生し，キャッシュの効果を低下させる方向にはたらく．

2レベルキャッシュの効果

キャッシュの効果を高めるための一つの方法として，キャッシュメモリの階層化がある．これは，キャッシュミスのペナルティを少なくする技法ということができる．ここでは，2階層のキャッシュメモリを仮定し，その効果を検討しよう．1次キャッシュに対する条件およびハザードに関する仮定は上記と同じとして，それ以外に必要な条件を以下のように仮定しよう．

- 1次キャッシュのミスペナルティは20クロックサイクル時間
- 2次キャッシュのミスペナルティは100クロックサイクル時間
- 2次キャッシュのミス率は0.5%

ここで，2次キャッシュのミス率は，1次キャッシュに対するアクセス(全アクセス)の0.5%が2次キャッシュに対してもミスを起こすという意味である．

---

[1] コンピュータの性能を計測するために用いられるいろいろなプログラムの集合．SPECやLINPACKなど種々のものがある．

プログラム実行時間を算出するための考え方は，つぎのようになる．1次キャッシュのアクセスミスを起こした命令は，2次キャッシュにアクセスする．また，全アクセスの0.5%は2次キャッシュミスを起こし，主記憶にアクセスする．全体でI命令実行したときの実行時間は，以下のようになる．

$$I + 0.2I + (1 + 0.3) \times 0.05I \times 20 + (1 + 0.3) \times 0.005I \times 100 = 3.15I$$

ここで，第2項はストールによる増加分，第3項は1次キャッシュのミスによる増加分，第4項は2次キャッシュのミスによる増加分である．1階層キャッシュ構成と比べると，$7.7I/3.15I = 2.4$倍速くなる．また，キャッシュのみの理想の場合の38%の性能ということになる．

このように，1次キャッシュと主記憶との間にアクセス時間の差が大きい場合，2次キャッシュの導入の効果は大きいことがわかる．

第9章のポイント

本章では，キャッシュメモリの構成について学んだ．

- 命令メモリやデータメモリは，演算器に匹敵する速度で読み書きができないといけない．その役割を果たすのがキャッシュメモリである．
- キャッシュメモリは大容量のものを実現することが難しい．そこで，見かけ上高速で大容量のメモリが求められる．これをメモリの階層構成によって実現する．キャッシュメモリとメインメモリの2階層構成が典型的な構成である．
- キャッシュメモリの構成法には三つの構成法がある．すなわち，ダイレクトマップ方式，セットアソシアティブ方式，フルアソシアティブ方式である．
- キャッシュメモリとメインメモリの読み書き速度差が大きすぎる場合は，キャッシュを2階層構成にすることにより性能改善ができる．

演習問題

9.1 つぎのプログラムに関して，データアクセスの時間的局所性，空間的局所性の有無を検討し，下表に示せ．また，その理由を述べよ．

(1) 比較的小さなループ処理で，かつ比較的小さな配列の要素を順次計算するプログラム．
(2) 非常に大きな配列の要素をランダムに読むプログラム．
(3) 非常に大きな配列の要素を順次に読むプログラム．
(4) 非常に大きな配列に対し，その添え字をランダムに決め，その要素に対して多数回の演算を行う，という処理を繰り返すプログラム．

	空間的局所性	時間的局所性
プログラム 1		
プログラム 2		
プログラム 3		
プログラム 4		

9.2 (1) 図 9.5 において，キャッシュメモリを構成するのに必要なメモリ量はいくらか．

(2) タグフィールド 18 ビット，インデックスフィールド 12 ビット，バイトオフセットフィールド 2 ビットの 4-way セットアソシアティブメモリにおいて，必要なメモリ量を求めよ．ただし，各ブロックには有効ビットと書込みビットが付属するものとする．

9.3 1 ブロック 4 バイトで 16 ブロックからなる 2 種類のキャッシュがある．一方はダイレクトマップ方式 (C1) で，他方は 2-way セットアソシアティブ方式 (C2) である．C2 の置き換えは LRU とする．

(1) つぎのアドレスをアクセスした場合，C1, C2 それぞれのキャッシュにおいて，ヒット，ミスを答えよ．なお，キャッシュは空の状態から始まるものとする．

0, 4, 8, 12, 64, 68, 72, 76, 0, 4, 8, 12, 64, 68, 72, 76, 0, ...

(2) 同じく，つぎのアドレスにアクセスした場合について答えよ．

0, 4, 16, 20, 32, 36, 48, 52, 0, 4, 16, 20, 32, 36, 48, 52, 0, ...

(3) 上記 (1), (2) のようなアクセスパターンが生じるプログラムには，どのようなものが考えられるか．

第10章 仮想記憶

keywords

仮想記憶，仮想アドレス空間，物理アドレス空間，ページ表，アドレス変換，ページフォールト，TLB，保護

プロセッサがアクセス可能なアドレス空間[1]と，実装されている物理メモリの大きさには，ギャップがあるのがふつうである．たとえば，よく使われている最近のプロセッサは 36 ビットのアドレスを指定できる．これは，64 GB のアドレス空間である．それに対して，実際に実装されているメモリは 4 GB とか 8 GB といったところである．そのような状況で，たとえば 32 GB の大きさのプログラム[2]を実行したいとき，どのようなことをしなければならないだろうか？

プロセッサは，64 GB のアドレス空間をもつから，このプログラムの実行は可能である．しかし，このプログラム（全体）を主記憶上にロードすることはできない．プログラム全体が主記憶上にないと実行できないような制約があると，8 GB の主記憶のコンピュータでは，このプログラムは実行できない．また別の問題として，マルチタスク（マルチプロセス）[3]環境下では，複数のプログラムが時分割[4]で実行される．このような場合，主記憶を複数のプロセスで共有しなければならないが，どのようにすれば共有することができるであろうか？こういった問題に対する一つの解が，仮想記憶方式である．

10.1 仮想記憶とは

仮想記憶（virtual memory）とは，主記憶と 2 次記憶との間のキャッシュ技法ということができる．その目的は，

① 複数プログラム間でメモリを効率よく共有すること
② 物理的な主記憶容量を超える大きさのプログラムの実行を可能にすること

である．

一つのプログラムをコンパイルすると，コンパイラは 0 番地から始まるアドレス空間にプ

---

[1] メモリ空間ともいう．プロセッサが指定可能なメモリ番地の全体である．
[2] 配列を使うプログラムを書くと，このくらいの規模のプログラムはよくできるものである．
[3] 複数のプログラムが並行して実行されている状況．プログラムの実行単位をタスクあるいはプロセスという．Windows システムにおいて，一つのウィンドウが一つのタスク（プロセス）と考えればよい．本章では，プロセスという用語を使用する．タスク（プロセス）の詳細については，オペレーティングシステムの教科書を参照されたい．
[4] 各プロセスが，自分に割り当てられた時間を実行し，つぎつぎに実行するプロセスが切り替わって処理が進む手法．典型的な割り当て時間は 10 ミリ秒．この結果，人の目には複数のプロセスが同時に走っているように見える．

ログラムの実行コード(機械語)を生成する．このアドレス空間を**仮想アドレス空間**という．このアドレス空間は論理的なものであり実体がないので，仮想アドレス空間とよばれる[1]．

一方，ハードウェア側は，物理的なアドレス線の数でメモリ装置の最大サイズが決まる．たとえば，物理的なアドレス線の数が 36 の場合，最大 64 GB のメモリ装置を実装できる．これが**物理アドレス空間**である[2]．

上記のコンパイルされたプログラムを実行することを考えよう．プログラムは，2 次記憶に記憶されているものとする．そうすると，2 次記憶からプログラムを主記憶にロードして，プログラムを実行しなければならない．ここで，検討すべき問題が発生する．それは，

① 主記憶のどこにプログラムをロードするのか
② プログラムサイズが主記憶の容量より大きい場合はどうなるのか
③ いまの機械は複数のプログラム(たとえば，OS とユーザプログラム)が同時に動いているが，その場合，それらのプログラムが物理アドレス空間をどのように使うのか

といった問題である．

これらの問題を解決するのが仮想記憶方式である．それは，一言でいえば，仮想アドレスと物理アドレスの間の対応表を動的に管理する方式である．まず，アドレス空間(仮想，物理とも)をページとよばれる単位に分割しておく．ページのサイズは両者で等しい．ページはキャッシュメモリでいうところのブロックである．このページを単位として，仮想アドレス空間のページが物理アドレス空間のどのページに割り当てられているかを示す表(これを**ページ表**という)を用意しておく．図 10.1 に概念図を示す．ページ表は，仮想アドレス空間の各ページが物理アドレス空間にあるか，2 次記憶にあるかの情報をもっている．たとえば，図の仮想アドレス空間のページ 0 は物理アドレス空間のページ h にあり，ページ n はまだ 2 次記憶にあることを示している．

仮想アドレスを物理アドレスに変換する高速なハードウェアを用意しておく．そうすると，プログラムの実行は，仮想アドレス空間のアドレスに基づいて行えばよい．すなわち，仮想

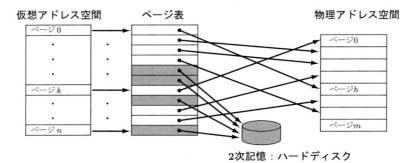

図 10.1　仮想アドレスと物理アドレスの対応(概念図)

---

1) 仮想アドレス空間の大きさは，プロセッサのアドレス空間を超えることはできない．
2) 実際には，たとえば 8 GB のメモリが実装されている場合，その実装されている部分を物理アドレス空間ということもある．また，8 GB のメモリを 4 GB に分けて，アドレス上位とアドレス下位に実装されることもある．この場合，物理アドレス空間は二つに分かれる．

アドレスが物理アドレスに(高速に)変換され，主記憶(物理メモリ)から命令やデータが読み出される(実際には，キャッシュから読み出される).

10.2 仮想記憶の実現法

前節で，おおまかな動作を理解していただけたかと思う．これから詳細を説明していくが，その前に用語を定義しておく．

ページが物理メモリ空間にロードされていない場合，そのページにアクセスするとエラーとなる．これを**ページフォールト**が発生したという．仮想アドレスから物理アドレスへの変換を**アドレスマッピング**，あるいは**アドレス変換**という．ページには番号が付いている．それを，仮想アドレス空間では**仮想ページ番号**，物理アドレス空間では**物理ページ番号**とよぶ．またページ内の位置を示すのに**ページ内オフセット**という用語を用いる．

図 10.2 に示すように，仮想アドレスを，仮想ページ番号とページ内オフセットにフィールド分けし，また物理アドレスを，物理ページ番号とページ内オフセットにフィールド分けする．

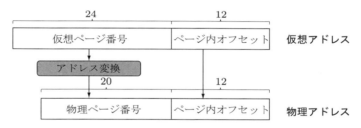

図 10.2 仮想アドレスと物理アドレスの対応(数値は一例)

アドレス変換では，図に示すように，仮想ページ番号が物理ページ番号に変換され，ページ内オフセットは変換されない．このようにアドレス空間をページに分け，かつアドレス変換機構を導入することにより，物理メモリ空間よりずっと大きなアドレス空間を実現することが可能になる．

さて，ページが主記憶上にない場合，すなわちページフォールトが発生した場合はどうすればよいであろうか？ 図 10.1 のページ表のグレーのページがアクセスされた場合に該当する．この場合，2 次記憶から該当するページを物理メモリの適切な場所にロードし，ページ表を更新しなければならない．図の例だと，物理メモリに空きがある(ページ m)から，そこにロードすればよい．物理メモリが一杯の場合は，ページの置き換えが必要になる．

2 次記憶から主記憶へのロードは，CPU クロックにして何千万クロックもかかる(ハードディスクへのアクセス時間は数十ミリ秒かかる)．このハンディキャップを考慮した仮想記憶の設計，すなわちページフォールトの発生ができる限り少なくなるような設計が重要である．

10.3 アドレス変換の機構

10.3.1 ページ表の配置

はじめに，変換速度や物理メモリの大きさを考慮しないで，変換の機構を述べる．図 10.3 にその概念図を示す．基本的な考え方は，前節で述べたように，仮想ページの総数に等しい大きさのページ表を用意することである．このページ表は主記憶に置く．ページ表レジスタを用意してページ表のベースアドレスをもたせる．その結果，ページ表レジスタの値に仮想ページ番号を加えてメインメモリをアクセスすれば，物理ページ番号が得られる．

実際のページ表のエントリは，物理ページ番号のほかに，そのページの付加情報が含まれる．典型的な付加情報は，そのページが主記憶にあるかどうかを示す有効ビット，そのページがアクセスされたことを示す参照ビット，そのページに書込みが行われたことを示すダーティビット，そのページへの書込みを不可とする書込み保護ビットなどである．これらの役割は後述する．1 エントリの典型的な大きさは 4 バイトである．そうすると，図の例の場合，ページ表の大きさは，最大で 64 MB に達する．

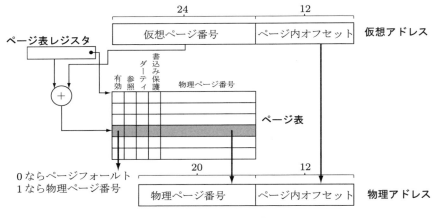

図 10.3 ページ表の導入

ページ表は，プロセスごとに用意する．すべてのプロセスがフルサイズのページ表を必要とするわけではないが，マルチプロセス環境では，ページ表の容量は膨大になる可能性がある．ページ表の管理方法については後述する．

10.3.2 ページフォールト

有効ビットが 1 であれば，主記憶上に該当ページがある．そうでない場合は，2 次記憶から主記憶へ該当ページをコピーしなければならない．仮想ページが 2 次記憶のどの位置にあるかは，OS が管理している．したがって，ここではその位置はわかっているものとする．そして，ページ表の有効ビットが 0 のところはディスク上の位置情報が入っているものとしよう．そうするとつぎに考える問題は，仮想ページを物理メモリのどのページに置けばよい

かということである．物理メモリに空きがある場合は，適当なところに置けばよい．物理メモリに空きがない場合は，どれかのページを追い出して，空いた後にページをロードする．追い出すページの選択は LRU 法（9.4 節参照）を用いる．たとえば，物理メモリが 5 ページ分あって，10,12,9,7,11,10 という順でページを参照してつぎにページ 8 を参照した場合，ページフォールトが発生する．一方，この時点での最近もっとも使われなかったページは 12 である．よって，物理メモリ中のページ 12 をページ 8 で置き換える．

　LRU 法を厳密に実現しようとするとコストがかかりすぎる．そこで，簡易法が用いられる．その方法は，前述の参照ビットを使用する方法である．ページがアクセスされるたびに対応する参照ビットをセットする．一方で，OS 側では一定時間ごとに全参照ビットをクリアする．ページフォールトが発生したら，参照ビットの立ってない適当なページを置き換え対象とする．こうすることにより，近似的な LRU 法が実現できる．

10.3.3　ページ表の大きさ

　一つのプロセスは，図 10.4 のようにメモリ空間を使う．C 言語を前提とすれば，図の静的データは，大域変数などのプログラム実行中に存在し続けるデータの領域で，その大きさはコンパイル時に決まる．スタック領域は，関数引数の受け渡しや関数内の局所変数などに使われる領域である．ヒープ領域は，木構造データなど，プログラム実行中に成長するようなデータを扱う場合に使われる領域である．スタックとヒープの領域の大きさは，プログラム実行中に動的に変化する．プログラムの実行には，現在使用している領域をカバーするページ表があればよい．逆に言えば，ページ表の大きさは動的に変化するので，その特徴を生かしたページ表の管理をすればよいということである．また，多くのプログラムでは，必要なページ表はそんなには大きくない，ということも事実である．このような特性を考慮したページ表の管理法を述べる．

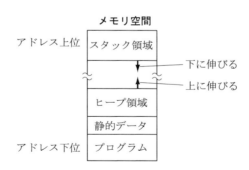

図 10.4　メモリ空間の割り当て

　ページ表の大きさは動的に変化するため，最初は小さなページ表の領域を用意しておき，それを超えるページ表が必要になったら，そのときに追加のページ表領域を確保するのが効率的である．その方法として，境界レジスタを利用する方法がある．境界レジスタは，そこまでの領域を使ってもよいということを示すレジスタである．

　いま仮に図 10.4 において，スタックの領域を使わない場合を考えよう．この場合，動的な部分はヒープ領域だけである．仮想ページにアクセスするとき，ページ表レジスタの値に

仮想ページ番号を加えた値と境界レジスタの値を比較し，前者が境界レジスタの値より大きかったら，一定量のページ表領域を追加確保し，境界レジスタの値を更新する．このようにすれば，ページ表領域の使用量を適切に制限することができる．

実際の環境では，つぎのような管理を行う．

ページ表を二つに分割して用意する．一つは，アドレス下位の領域用に使用し，もう一つはアドレス上位の領域用に使用する．それぞれの領域は，上記の手法で管理する．

10.3.4 ダーティビットと書込み保護ビット

主記憶と 2 次記憶の間のデータ移動時間を考えると，両者の間で（キャッシュのところで述べた）一貫性を保つことは現実的でない．したがって，ライトバック方式が採用される．ライトバック方式は，コピーバック方式ともいわれる．

ページ表にあるダーティビットは，そのページに書込みがあるとセットされる．したがって，ページが置き換え対象になったとき，ダーティビットがセットされていると，そのページを 2 次記憶に書き戻すことになる．

書込み保護ビットがセットされているページは，書込みが禁止される．これは，OS だけが書込みを許されるページがユーザのプロセスから参照できる場合や，二つのプロセスの間でページを共有している場合 (10.6 節参照) に，一方のプロセスが他方のプロセスからの書込みを許可しない場合などに使われる．

10.4 アドレス変換の高速化：TLB

ページ表が主記憶にあるということは，目的の命令／データを得るまでに 2 回の主記憶アクセスが必要ということである（ページ表にアクセスして物理メモリアドレスを得ること，および物理メモリアドレスで目的の命令／データにアクセスすること）．ページ表をキャッシュのような構成にすれば，大概の場合，主記憶アクセスは 1 回ですむ．この特別なキャッシュをアドレス変換バッファ (TLB：Translation-Lookaside Buffer) という．TLB を含めたアドレス変換機構は図 10.5 のようになる．図において，TLB の有効ビットとページ表の有効ビットは意味がちがう．ページ表の有効ビットはそのページがメインメモリ上にあることを意味し，TLB の有効ビットは当該エントリの物理ページアドレスが有効であることを示している．ほかの付加情報は，両者で同じ意味をもつ．TLB はページ表の物理メモリへの対応付けだけを記憶するキャッシュである．TLB のタグフィールドには仮想ページ番号が入る．TLB はフルアソシアティブ方式をとる場合が多い．すなわち，TLB のエントリ全体のタグフィールドが一度で比較できる方式である．

表 10.1 に TLB の諸元を示す．表において，

　　ヒット時間：TLB にアクセスしてヒット（TLB ヒット）した場合のアクセス時間

　　ミスペナルティ：TLB ミスをした場合に（メインメモリにある）ページ表から TLB に該当するエントリの内容をコピーするのに必要な時間

　　ミス率：TLB ミスを起こす割合

10.4 アドレス変換の高速化：TLB

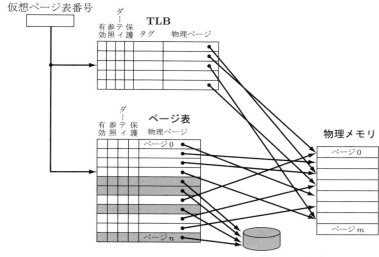

図 10.5 アドレス変換バッファ (TLB)

表 10.1 TLB 諸元

TLB 容量	16〜512 エントリ
ブロックサイズ	4〜8 バイト
ヒット時間	0.5〜1 クロックサイクル
ミスペナルティ	10〜100 クロックサイクル
ミス率	0.01〜1%

である．

TLB 容量が 16 エントリくらいならフルアソシアティブ方式，512 にもなるとセットアソシアティブ方式がとられる．ブロックサイズは TLB の置き換えの単位である．TLB の置き換えアルゴリズムは，ランダム選択方式が多い．

動作を具体的に示そう．仮想アドレスがアクセスされるたびに，TLB の中で仮想ページを検索する．そこでヒットすれば，物理ページ番号を使用してアドレスを生成し，対応する参照ビットをセットする．書込みの場合は，書込み保護ビットがセットされていれば，書込み保護違反の例外処理となり，そうでない場合は，物理アドレスの生成および参照ビット，ダーティビットのセットが行われる．

TLB ミスが発生した場合の処理は，つぎのようになる．まず，仮想ページ番号でページ表を引く．そのエントリの有効ビットが 1 であれば，そのページはすでに物理メモリにあるから，ページ表から該当ページの物理アドレス情報を TLB にコピーする．そしてもう一度アクセスしなおす．有効ビットが 0 であれば，それはページフォールトであるから，2 次記憶から主記憶に該当ページをコピーする．そしてページ表，TLB も更新する．その後，ミスを起こした仮想アドレスから実行を再開する．

さて，実際のマシンでは，TLB で物理アドレスに変換した後，主記憶に直接アクセスす

るのではなく，キャッシュメモリにアクセスする．したがって，TLB，キャッシュ，主記憶は一体の構成となる．その例を見てみよう．図 10.6 にそれを示す．図は TLB にヒットし，キャッシュにヒットした場合（最短時間アクセス）の流れを示している．すなわち，仮想ページ番号で TLB をアクセスすると，ヒットして物理ページ番号が読み出される．物理ページ番号とページ内オフセットを合わせたものが物理アドレスである（図の物理アドレスの箱の上段）．この物理アドレスでキャッシュにアクセスする．キャッシュにアクセスする際は，物理アドレスを物理アドレスタグ，キャッシュインデックス，バイトオフセットと考えてアクセスする（同下段）．その結果，キャッシュにヒットし，データが出力される．

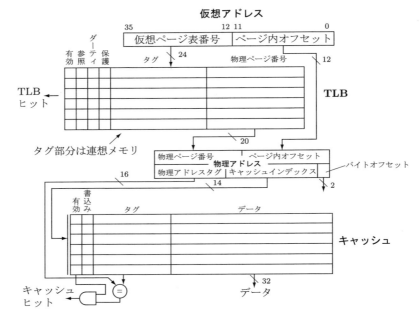

図 10.6 TLB，キャッシュの一体構成

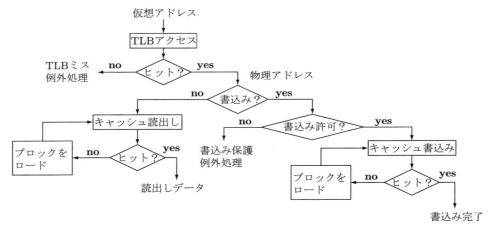

図 10.7 TLB，キャッシュアクセスフロー

ミスが発生した場合を含めたメモリアクセスの処理を，フローチャートの形で図10.7に示す．この中で，TLBミスを起こしたときの処理は前述した．書込み保護違反を起こした場合，それを起こしたプログラムの実行は中止（abort）されることになる．キャッシュミスを起こした場合は，キャッシュブロックのロードを行い，ミスを起こした番地からプログラムを再開する．

メモリアクセス一つとっても図10.7のような複雑なことを行っているということと，局所性の法則により，TBLヒット，キャッシュヒットの経路は，100回中99回通るので高速化ができるということをしっかり理解してほしい．

10.5 例外処理時の注意事項

仮想記憶の流れからは外れるが，ここで例外処理時の注意事項について述べておく．

それは，マルチサイクル構成やパイプライン構成のところで示したように，MIPSでは例外を起こした番地を記憶しておくレジスタEPCが一つしかないことである．このことは，例外処理中に別の例外処理が起こると，EPCの上書きが起こることを意味している．例外処理中に別の例外が発生することは起こりうることなので，そのようなことが起こっても正しく動作できるようにしておく必要がある．そのためには，例外処理プログラムのなかで必要な情報をスタック上に退避しておき，例外処理終了時にそれを戻して例外処理を終了するということをソフトウェア的に行う．そして，退避を行っている間は，例外が発生してもそれを受け付けないようなハードウェア的な処置が必要である．そのためには，例外マスクフラグを用意する．このフラグがオフのとき，例外は受け付けられると同時に，このフラグがオンになる．これはハードウェアで行う．そして，退避が終了したらこのフラグをオフにする．これはソフトウェアで行う．また，例外処理の終了時の回復処理期間中も例外マスクフラグをオンにして，例外を受け付けないようにする必要がある．

10.6 仮想記憶による保護

ワークステーションでは，複数のプログラムが走っている（Aさんのプログラム，Bさんのプログラム，OSのプログラムなど）．これらは厳密に排他的に動かなければならない．そうでないと，他人のプログラムを破壊したり，書き換えたりしてしまうことになりかねない．それぞれのプログラムは，個別の仮想アドレス空間をもち，いずれの仮想空間も0番地から始まる．したがって，物理アドレス空間への割り当てにあたっては，誰の仮想空間かを区別できるようにしておかないといけない．つまり，ページ表はどのプロセスの仮想空間であるかという情報をもてるようにしておく必要がある．そうすると，問題は，ページ表を誰が管理するか，ということである．

プロセスは，プログラムとそのプログラムが動くのに必要な環境（プログラムカウンタの値や，レジスタの値など）を合わせたものである．仮想空間はプロセスごとに与えられる．したがって，ページ表もプロセスごとにある．ページ表はOSが管理し，ユーザのプロセスか

らページ表への直接のアクセスは禁止される．これによって仮想空間の独立性が保たれ，記憶の保護ができるのである．

具体的にハードウェアでサポートするには，つぎのようにする．ユーザモードとOSのモード(スーパーバイザモード)を区別するフラグを用意しておく．スーパーバイザモードはいわゆる特権モードであり，システムのすべての資源を操作することができる．ユーザはスーパーバイザモードにはなれない．ユーザがシステム資源を操作したい場合は，OSに操作を依頼することになる．この依頼をシステムコールという．OSはユーザからの依頼を受けて，それが受理可能であれば，該当する処理を行い，制御をユーザに戻す．

ユーザモードで走行中にページフォルトが発生すると，ページフォルト例外が発生し，これに伴ってOSがページ表の更新(およびページの入れ替えやロードなど)を行う．その後，制御がユーザに戻る．このようにすることによって，安全にページ表を管理することができる．

プロセス間で情報を共有したいことがよくある．これは複数のプロセスから共通にアクセスできる空間をつくるということである．その基本的な考え方は，共有したい仮想アドレス空間を同じ物理アドレスに割り当てればよいのである．たとえば，プロセスAとBとの間でメモリを共有したい場合，各プロセスはほかのプロセスの存在を知っていることが前提である．ユーザが自身のプログラムの中で複数のプロセスを生成するような場合は，これは可能である．プロセスAは自身のある領域をプロセスBと共有したいとOSに要求する[1]．同様に，プロセスBも自身のある領域をプロセスAと共有したいとOSに要求する．OSは要求に基づき，それぞれの指定された領域を同じ物理アドレスに割り当てる．これにより，プロセス間でデータのやり取りが可能になる[2]．

第10章のポイント

本章では，仮想記憶方式について学んだ．

- 仮想記憶は，主記憶と外部記憶との間のキャッシュ技法であるということができる．
- 仮想記憶では，アドレス空間をページに分割し，ページ単位で管理をする．
- プログラムは仮想アドレス空間に置かれ，仮想アドレス空間のページを物理アドレス空間(主記憶)にロードして実行される．
- プログラムは仮想アドレス空間のアドレスで実行されるため，実行にあたっては，仮想アドレスから物理アドレスへの変換が必要になる．これは，仮想アドレス空間のページと物理アドレス空間のページの対応表(ページ表)で行う．
- ページ表は主記憶に置かれるが，アドレス変換のために主記憶アクセスするのは効率が悪い．そのために，アドレス変換専用のキャッシュを設ける．これをTLBとよぶ．
- TLB，キャッシュ，主記憶は一体の構成となる．
- 仮想記憶により，マルチプロセス環境下において記憶保護が効率よくできる．

---

[1] メモリ共有のための関数がOS側で用意されている．
[2] もちろん，各プロセスはどのような情報を共有するのか，データ構造を含めて把握していることが前提となる．

演習問題

10.1 仮想アドレス空間 40 ビット，物理アドレス空間 32 ビット，ページサイズ 16 KB の仮想記憶のページ表の大きさはいくらか．

10.2 仮想アドレス空間 36 ビット，物理アドレス空間 32 ビット，ページサイズ 4 KB，エントリ数 4 のフルアソシアティブ方式 TLB の仮想記憶において，つぎの仮想アドレスにアクセスした場合，TLB ヒット／ミスを示せ．なお，初期状態は空の状態からスタートするものとする．また，置き換えには LRU 法を用いる．

$$600, 4092, 8048, 2152, 11100, 21500, 6532, 17248, 8260, 13800$$

10.3 演習問題 10.2 と同じ仮想記憶を仮定し，2 次元配列に画像データが入っているものとする．2 次元配列は，行方向に展開して 1 次元の線形配列としてメモリに格納される．1 画素 4 バイトとし，配列の大きさは 128×128 とする．

各画素に単純な演算を行うつぎのプログラム

```
for(j=0; j<128; j++)
    for(i=0; i<128; i++)
        A[i,j]= A[i,j] + c1;
```

の実行を考える．このとき，以下の問いに答えよ．

(1) 上記のプログラムをアセンブリ言語にコンパイルせよ．変数 i, j はレジスタ $s2, $s3 に，配列 A のベースアドレスはレジスタ $s0 に，定数 c1 はレジスタ $s1 にそれぞれ割り当てられているものとする．

(2) 配列 A の先頭アドレスはページ境界にあるとし，また，上記プログラムのコード部分は 1 ページ内にあるものとして，このプログラムを実行したときの TLB ヒット率を求めよ．

(3) もし，行と列が逆だったら（すなわち，上記プログラムで A[j,i]=A[j,i]+c1; だったら），TLB ヒット率はどうなるか．

第11章 入出力装置とインタフェース

keywords
入出力装置，インタフェース，入出力コントローラ，バス，パラレルバス，ハンドシェイク，ポーリング，割込み，シリアルバス，DMA，外部記憶装置，ハードディスク，RAID

　前章までに述べた制御装置を含む演算装置(これをプロセッサとよぶ)と主記憶およびキャッシュメモリをコンピュータの本体とすれば，この章で述べる装置は，コンピュータ本体にデータを供給したり，計算結果を表示したり，計算結果を保存する装置である．このような装置を入出力装置あるいは周辺装置という．とくに，入力機能のみもつものを入力装置，出力機能のみもつものを出力装置という．キーボードは典型的な入力装置であり，ディスプレイは典型的な出力装置である．また，ハードディスクに代表される外部記憶装置は典型的な入出力装置である．ネットワークも重要な入出力装置である．

　入出力装置は多岐にわたるが，これらの装置とコンピュータ本体を統一された方法で接続できることが汎用性の観点から望ましい．そこで本章では，その接続，すなわちインタフェースに焦点を当てて解説を行う．また，外部記憶装置として重要なハードディスク装置を取り上げ，その構成概要を述べる．加えて，信頼性向上のための RAID 構成法についても述べる．

11.1 入出力装置の接続

　これまでに多種多様な入出力装置が開発されてきた．その時代の技術により，いまでは廃れたものも数多くある．いま手元にあるコンピュータを眺めてみれば，つぎのようなものが目に付くであろう．

　　入力装置：キーボード，マウス，スキャナ，タッチパネル，カメラなど
　　出力装置：ディスプレイ，プリンタ，スピーカなど
　　入出力装置：ハードディスク，CD[1]装置，DVD[2]装置，LAN[3]，無線 LAN など

ここでは，これらの装置の構造には触れず，これらの装置とコンピュータの接続に焦点を置く．その典型的な接続は，図 11.1 のようになっている．この図のバスは，コンピュータ装置内部の(マザーボードとよばれる)基板上のバスを示している．マザーボードと外部装置を接続するバス(図の SATA や USB)は，入出力コントローラを介して接続される．
　入出力装置は，それ自体が独立した装置である．すなわち，コンピュータ本体と入出力装

---

[1] Compact Disk の頭字．CD-ROM (ROM は read only memory の意)，CD-R (R は recordable の意)，CD-RW (RW は rewritable の意) などの装置がある．
[2] Digital Versatile Disk の頭字．CD 装置と同様，ROM, R, RW などの種類がある．
[3] Local Area Network の頭字．

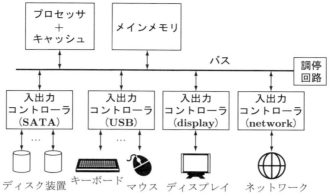

図 11.1　プロセッサと入出力装置の接続

置はそれぞれのクロックに同期して動作しているが，両者の間では，一般に同期がとられていない．そのため，入出力コントローラは，両者間の緩衝装置としての役割を果たす．

　バスはプロセッサやメインメモリ，入出力装置の間でデータの授受を行うために使用する線路である（図11.1）．バスは，排他的に使わなければならない．すなわち，一時には一組の装置間でのデータ授受しかできない．しかし，構成が簡単であるという特徴から，バスは多くのシステムで利用されている．

11.1.1　バスの動作

　バスは，データ線と制御線から構成される．一般に，バスに繋がる装置間のデータ授受（図11.1におけるプロセッサとメインメモリ間，プロセッサと入出力コントローラ間など）では，一方の装置が制御主体となる．その装置をバスマスタとよぶ．他方の装置はバススレーブである．プロセッサは典型的なバスマスタであり，メインメモリは典型的なバススレーブである．入出力コントローラは，バスマスタにもバススレーブにもなるように構成されることが多い．このことは，制御主体となる装置が複数あることを意味する．一方で，バスは排他制御されなければならない．したがって，バスを使用したい装置は，バスの使用権を獲得し，その後にデータの転送を行う．そのために，調停回路（アービター，arbiter）が設けられる．具体的には，制御線の中にバスリクエスト（bus request）線とよばれる制御線を複数本用意する．バスマスタになりうる装置は，いずれか一つのバスリクエスト線を使用する．また，各バスリクエスト線と対になるバスグラント（bus grant）線が用意される．バスグラント線は使用許可を示す制御線である．バスを使用したい装置は，バスリクエスト線をアサート[1]する．調停回路は，優先順位など決められた手順によって，使用を許可するバスグラント線をアサートする．使用許可を受けた装置は，データ転送を行う．

　データ転送の手順を述べる前に，各装置をどのように識別すればよいかについて考えよう．たとえば，入出力コントローラにはいくつかのレジスタがあり，そのレジスタを使って装置間のデータ転送を行う．したがって，そのレジスタを識別する方法が求められる．その方法には2通りある．一つは，レジスタをメモリ（アドレス）空間に割り当てる方法，もう一つは，

---

[1]　アサート（assert）とは，制御線をアクティブ（オン）の状態にすることである．

メモリ空間とは別のIO空間を用意し，そこに割り当てる方法である．前者はメモリマップドIO方式，後者はIO空間方式とよばれる．MIPSはメモリマップドIO方式を採用し，インテル系のプロセッサはIO空間方式を採用している．メモリマップドIO方式の場合，通常，メモリ空間は十分大きいので，すべてのメモリ空間を物理メモリで埋め尽くすことはなく，空いているところを利用する．システム設計時にあらかじめ決めておくのがふつうである．この場合は，メモリアクセスと同じようにレジスタのアクセスができる．IO空間方式の場合は，IO命令を用意し，それを実行することでレジスタをアクセスする．

簡単のため，バスはデータ線とアドレス線をもつものとする．また，メモリマップドIO方式を前提とする．バスにはデータ転送を行うための制御線が用意されている．メモリリードとメモリライトの各制御線，およびACK制御線（acknowledge）である．バスマスタ側から見て，相手にデータを送る場合は書込み，相手からデータをもらう場合は読出しである．

読出し手順は以下のようになる（図11.2（a）参照）．

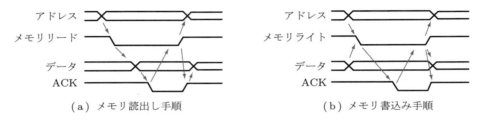

(a) メモリ読出し手順　　　　(b) メモリ書込み手順

図11.2　バスアクセス手順：制御線はローレベル（0）のときアクティブ，ハイレベル（1）のときインアクティブとしている．アドレス，データは複数の信号線から構成されるので，上下に幅をもたせて記述している．×の部分で値が変化し，ほかのところは安定していることを示す．

1. バスマスタは，アドレスをバス上に出力する．また，メモリリード制御線をアサートする．
2. バスに繋がる各装置は，アドレスを見て，それが自分に割り当てられたアドレスかどうかを判定する[1]．自分に割り当てられていた場合，データをバス上に出力する．具体的には，メモリ装置なら，メモリを読み出して，それをバスに出力する．入出力コントローラなら，指定されたレジスタのデータをバスに出力する．そして，ACK制御線をアサートする．バスマスタに有効なデータがバス上にあることを知らせるためである．
3. バスマスタは，ACK制御線がアサートされたことを確認して，バス上のデータを取り込む．そして，メモリリード制御線をネゲート[2]し，アドレス線を開放する．また，バスリクエスト線をネゲートする（その結果，バスグラント線がネゲートされ，つぎのバス要求を受けることが可能となる）．バススレーブ側は，メモリリード制御線がネゲートされたことを見て，ACK制御線をネゲートし，データ線を開放する．たとえば，lw命令の実行の場合なら，バスマスタはプロセッサであり，メモリから読み出したデータを命令が指定するレジスタに格納する（ここでは簡単のため，キャッシュはないものとする）．

---

[1] 比較回路を利用すれば簡単にできる．
[2] ネゲート（negate）とは，制御線をインアクティブ（オフ）の状態にすることである．

また，書込み手順は以下のようになる（図(b)参照）．

1. バスマスタは，アドレスとデータをバス上に出力する．また，メモリライト制御線をアサートする．
2. バスに繋がる各装置は，アドレスを見て，それが自分に割り当てられたアドレスかどうかを判定する．自分に割り当てられていた場合，データを取り込む．具体的には，メモリ装置なら，メモリに書き込む．入出力コントローラなら，指定されたレジスタに書き込む．そして，ACK制御線をアサートする．バスマスタに書込みの終了を知らせるためである．
3. バスマスタは，ACK制御信号線がアサートされたことを確認して，メモリライト制御線をネゲートする．また，データ線，アドレス線を開放する．さらに，バスリクエスト線をネゲートする．バススレーブ側は，メモリライト制御線がネゲートされたことを見て，ACK制御線をネゲートする．

このように構成されるバスをパラレルバスという．また，応答信号（上例ではACK制御信号）を確認してデータ転送を行う方式を，ハンドシェイク方式という．ACK制御線を用いることにより，装置の応答速度の違いを吸収できることに注意されたい．

バスマスタの数がバスリクエスト線の数より多い場合は，一つのバスリクエスト線を複数のバスマスタで共有する．この場合は，デイジーチェインという方法で接続する．これは，図11.3に示すように，バスリクエスト線は共有し，バスグラント線は調停回路から直列に接続する方式である．調停回路からのバスグラント信号は，基本的には下流の装置に送るように構成されるが，自身がバスリクエストを出している場合は，下流の装置に送らないように構成しておく．この結果，バスリクエストを出している装置で，もっとも上流にある装置がバスの使用権を獲得することになる．したがって，バスリクエスト線を共有する装置は上流から下流に向かってバス使用に関する優先順位が付くことになる．

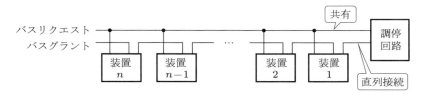

図11.3　デイジーチェイン

11.1.2　入出力の手順：ポーリングと割込み

図11.1の構成で，入出力コントローラに外部装置からデータが届いたとき，それをプロセッサはどのように知ることができるであろうか？　2通りの方法が考えられる．一つはポーリング（polling），もう一つは割込みである．

まず，ポーリングについて説明する．ポール（poll）という言葉は世論調査を意味しており，コンピュータ用語としては，プロセッサ側から，入出力コントローラにデータがあるかどうかを問い合わせるという意味で使われる．具体的には，以下のような手順を踏む．通常，入出力コントローラには，3種類のレジスタが用意されている．コントロールレジスタ，ス

テータスレジスタ，データレジスタである．コントロールレジスタは，入出力装置の動作を指定するために使用する．ステータスレジスタは，装置の状態を示している．データレジスタは，入力データや出力データを格納する．

ポーリングの動作　　入力の場合（入出力コントローラ→プロセッサ）：ステータスレジスタには，入力データが入力用のデータレジスタにあるかどうかを示す入力フラグ（1 ビットの情報）がある（図 11.4 参照）．

入出力コントローラは，外部装置からの入力データをデータレジスタにセットし，入力フラグをオンにする．プロセッサは以下の動作をする．

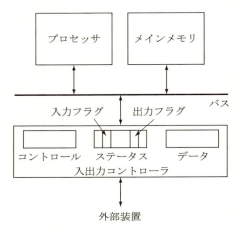

図 11.4　外部装置との入出力

(1) ステータスレジスタを読み，入力フラグがオンか否かを調べる（そのようにプログラムを組む）．
(2) オンであればデータレジスタを読み，データを取り込む．そして，入力フラグをオフにする．オフの場合は，プログラムの組み方によるが，もっとも簡単な方法として，ステータスレジスタを繰り返し読む方法がある．これをスピンループという．これは効率が悪いから，通常は，実行中のプログラム（タスク）を中断し，ほかのプログラム（タスク）を実行する方法がとられる[1]．

出力の場合（プロセッサ→入出力コントローラ）：ステータスレジスタには，出力用のデータレジスタに有効なデータが入っているか否かを示す出力フラグが用意されている．プロセッサは以下の動作をする．

(1) ステータスレジスタを読み，出力フラグがオフか否かを調べる．
(2) オフであれば，データレジスタにデータを書き込む．オンであればオフになるまで待つ．待ち方は，入力の場合と同じである．

この後，入出力コントローラは，外部装置にデータを出力し，出力フラグをオフにする．

---

[1] 詳細についてはオペレーティングシステムの教科書を参照されたい．

割込みの動作

割込みによる方法は，7.3.2 項で述べた機構を利用する方法である．バスの信号線の中には，割込み信号線が用意されている．図 7.16 の入出力要求には，この割込み信号線を利用する．

入力の場合：入出力コントローラにデータが入力されると，入力要求が出るように構成する．具体的には，上述のステータスレジスタにある入力フラグのビットを割込み信号線に接続しておく．そして，プロセッサ側では，割込み信号線はプロセッサの割込み機構に接続しておく．

動作：(1)（データが入力されて）割込みが発生すると，割込み処理プログラムが起動される．割込み処理プログラムは，どこからの割込みかを調べ，対応する装置からデータを読み込むように記述しておく．もちろん，読み込みの後，入力フラグをオフにするなど，適切な処理も記述しておく必要がある．

割込みを使えば，即時にデータを取り込むことができる．

出力の場合：出力の場合は，ひとかたまりのデータを出力する場合に割込みを使う．出力フラグがオフのときに割込みが発生するように構成しておく．出力処理の方法は多数あるが，以下に一例を示す．

出力データをプールするバッファをメモリ上に用意しておく．また，バッファが空のときに割込みがかからないように，該当する出力フラグが接続される割込み入力と対をなす割込みマスクを 1 にしておく（図 7.17 参照）．図 7.17 は 8 個の割込み入力があるが，そのうちの一つがこの出力フラグに接続されているものとする．

動作：(1) データを出力したいプログラムは，このバッファに一連のデータを書き込む．そして，該当する割込みマスクを 0 にする．その結果，出力フラグがオフであれば，割込みが発生する．

(2) 割込み処理プログラムでは，バッファの先頭のデータを当該入出力コントローラの出力レジスタに書き込む（その結果，出力フラグがオンとなる）．さらに，バッファが空であれば割込みマスクを 1 にする．

(3) 入出力コントローラが外部装置にデータを出力し終わると，出力フラグがオフとなり，再び割込みがかかる状態になる．このとき，割込みマスクが 1 ならば割込みは一時停止され，0 なら割込みがかかり，バッファにあるデータが出力される．

このようにして，出力データが効率よく出力される．

11.1.3 シリアルバス

近年のプロセッサの高速化技術の進展は著しく，バスの動作速度もそれに見合ったものが要求される．電気の伝搬速度は有限（光速）であり，1 ナノ秒で伝搬する距離は約 30 cm である．バス上のデータのやり取りは，データをバス上に出力し，その値がバス上で安定した後にデータの取り込みを行う，という手順をとる．したがって，バス上の値が安定するまでにいくらかの時間がかかる．マザーボード上に構成されるバスは，線路として構成され，その長さは数十 cm に達する．線路は電気的にはコンデンサの要素をもつので，静電容量があ

る[1]．すなわち，線路はCR回路となり，バス上の値が安定するまでにさらに時間を要することになる．また，データ線間でのばらつきがある（これをスキューという）から，データを取り込むタイミングは，もっとも時間のかかるデータ線に合わせなければならない．図11.2のデータ信号の×のところは，安定するまでに時間がかかることを示している（これを遷移区間とよび，×と×の間を安定区間とよぶことにする）．動作周波数を高くしても遷移区間の時間は変わらないから，安定区間が少なくなり，ついには安定区間がなくなってしまう．それが限界の動作周波数である．もちろん安定区間は一定時間必要だから，動作周波数の上限はもっと低い．そのため，並列データ転送は，一見効率のよい転送方法に見えるが，必ずしもそうではないのである．

その例を代表的なバスであるPCIバス[2]でみてみよう．PCIバスは，当初133 MB/sの転送能力（33 MHz動作，32ビットバス幅，1992年）のパラレルバスであった．その後，仕様の変更・改良により，532 MB/sまで能力が高まった（66 MHz動作，64ビットバス幅，2004年）．その後は，動作周波数は上がっていない．

ディスク装置の転送速度の向上，高速ネットワーク，高精細グラフィックスの登場により，バス速度への要求はますます高まってきた．しかし，上記の理由により，バス幅の増加や，動作周波数の向上は，パラレルバス方式では限界に達している．これに対して，シリアルバスとよばれる方式が用いられるようになってきた．シリアルバスは，基本的には，1対のデータ線を用いて逐次的に（ビットごとに）データを送る．また，シリアルバスは，二つの装置間でのデータ転送を基本とする．複数の装置間でのデータ線の共有というバスの本来の機能が消失するように見えるが，これについては，スイッチを利用して複数の装置の接続を実現する方法で代替する．代表的なシリアルバスとして，マザーボード上に構成されるPCI Expressバス，マザーボードと外部入出力装置を接続するSATAバスやUSBバスがある．前者の転送速度は8 Gbps（PCI Express 3.0）に達し[3]，後者は6 Gbps（SATA 3.0），5 Gbps（USB 3.0）に達する．これらは，それぞれ1 GB/s，750 MB/s，625 MB/sの転送速度である．

このように，シリアルバスの高速動作が注目されている．シリアルバスの記述は内容がやや高度になるので，本書では付録Cに示す．

11.1.4 DMA

図11.1に示した構成において，周辺装置から入出力コントローラに届いたデータは，メモリに転送された後，（プログラムにより）プロセッサが処理をする．逆に，プロセッサが処理したデータは，通常はメモリ上にあり，それを入出力コントローラに転送して，その後，周辺装置に出力する．このデータ転送は，どのように行うのだろうか？ もっとも簡単な方法は，プロセッサがメモリと入出力コントローラ間のデータ転送を行うことである．すなわち，

---

[1] マザーボードなどのプリント基板は配線面を何枚も重ねてつくられる．これを多層基板という．表と裏は配線の様子がわかるが，中間層は目には見えない．接地面と電源面は中間層に構成される．バスの線路と接地面の間で静電容量が生じる．

[2] Periperal Component Interconnectの頭字．インテル社が提案した．

[3] GbpsはGiga bit per secondの意味．PCI Expressは16 Gbpsの速度が計画されている．

そのようなプログラムを書くことである[1]．転送データ量が少ない場合は許容できるかもしれないが，データ量が多くなってくると，CPU 時間をこのような処理に割くことは，プロセッサの効率を上げるうえで避けたいことである．一方で，プログラムの実行は，多くの時間がプロセッサとキャッシュメモリの間で行われる．その間は，プロセッサがバスを使用することはない．したがって，バスの有効利用を図る方法が期待される．入出力コントローラがプロセッサとは独立にメモリとの間でデータ転送を行えば，バスの利用効率は上がるし，プロセッサの負担も削減できる．そのためには，11.1.1 項で述べたように，入出力コントローラがバスマスタの機能をもてばよい．それを具現化する方法が，DMA（Direct Memory Access）である．

DMA の主体は，DMAC（DMA Controller）とよばれる制御回路である．この回路は，プロセッサのメモリアクセス機能を独立させた回路と考えればよい．DMAC には，転送相手のメモリアドレス，入出力コントローラ内のバッファアドレス，転送語数，書込み/読出しの制御情報などを格納するレジスタ群が用意されている．これらのレジスタのデータは，プロセッサがセットする（OS の仕事）．そして，プロセッサが，DMA 開始ビット（これも DMAC のレジスタ群のなかにある）をセットすると，DMA 転送が開始される．具体的な DMAC の動作は，11.1.1 項で述べたように，バス使用権の確保，データ転送，バス開放である．

データ転送の方法には 2 種類ある．ひとまとまりのデータを一気に転送するバーストモードと，1 語転送するごとにバスを開放するサイクルスチールモードである．バス使用権に関しては，プロセッサの優先順位を DMA より高く設定してあるので，サイクルスチールモードでは，プロセッサは必要なときにはすぐにバスを使用することができる．DMA 転送が完了すれば，割込みによりプロセッサに終了を知らせる機能も備わっている．

11.2 外部記憶装置

プログラムやデータはどこかに記憶しておかなければ使うことができない．そのため，電源を切っても記憶が消失しない不揮発性の記憶装置が必要となる．その役割を果たすのが，外部記憶装置（補助記憶装置，2 次記憶装置）である．古くは磁気ドラムや磁気テープ，フロッピーディスクなどが使われたが，これらの装置は時代の役割を終え，現在では表 11.1 に示すような外部記憶装置が主に使用されている[2]．本節では，ハードディスク装置を取り上げる．

表 11.1 代表的な外部記憶装置

媒体	典型的な容量（2014 年）	対象
磁気ディスク（ハードディスク）	0.5 TB〜4 TB	1 装置
CD	640 MB〜700 MB	1 枚
DVD	4.7 GB〜17 GB	1 枚
フラッシュメモリ	〜32 GB	1 チップ

---

1) MIPS の例では，入出力コントローラのレジスタなどはメモリ空間に割り当てられるので，lw 命令と sw 命令を組み合わせてデータ転送を行う．
2) CD は DVD に置き換えられつつある．

11.2.1 ハードディスク装置

ハードディスク装置の一例を図 11.5 に示す．これは筐体の蓋を開けた様子である．ハードディスクは，磁性体を塗った円盤(プラッターともいう)を記録媒体として用いる．円盤の両面が記録面となる．通常，複数枚の円盤を重ねて記憶装置を構成する．図からわかるように，円盤に向かってアームが伸びている．アームの先端に磁気ヘッドが付いていて，それが記録面に情報を記録する，あるいは記録面から情報を読み取る．円盤は高速に回転する．アームは各面ごとにある．それらは，一体化されていて一緒に動く．アームを円盤上に動かせば，その位置において，磁気ヘッドにより，同心円上に情報を記録する，あるいは読み出すことができる．円盤が回転すると，その表面に空気流が発生し，それによって，磁気ヘッドがわずかに浮き(10 nm 程度)，非接触で読み書きを行う．アームは根元を中心として回転動作するようになっている．したがって，アームを回転させると，ヘッドの位置が変わり，異なる同心円上の情報を読み書きできる．これらを制御するコントローラは，図では見えないが，筐体の裏側に付いている．

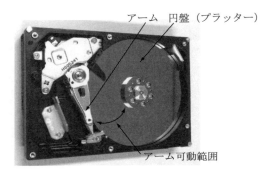

図 11.5　ハードディスク装置

現在では，円盤の大きさ(直径)は，3.5 インチと 2.5 インチのものが主流である．円盤の回転数は，デスクトップ PC やノート PC では，5400 rpm (revolutions per minute)と 7200 rpm のものが主流であり，サーバーなどの高性能機では，10000 rpm と 15000 rpm のものが主流である．

記録面の構成について述べる(図 11.6 参照)．同心円の一周をトラックという．トラックは，セクターに分割されている．図からわかるように，セクターの長さは内周側と外周側で異なる．円盤が複数重ねられている場合，半径が同じ同心円のトラックの集まりをシリンダーとよぶ．重なった円盤を円筒状に切ったところにあるトラックの集合である．情報の記憶単位はセクターである．セクターは，セクターヘッダ，データ本体，エラー訂正コードから構成される．セクターヘッダには，同期用の情報，セクターの識別子などがある．データ本体は 512 バイトが典型的なサイズであるが，最近は大容量化に伴い，4096 バイトのサイズに移行しつつある．

アームが現在いる位置から目的の位置に回転することをシークといい，その時間をシーク時間という．あらゆるシークのシーク時間の平均を平均シーク時間という．情報へのアクセ

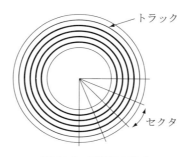

図 11.6 記録面の構成

ス時間は，シーク時間，回転待ち時間，読取り（書込み）時間とデータ転送時間の和となる．

　情報の記録は，セクター上円周方向に，小さな磁石がつくられると考えればよい．つくられる磁石の向き（NS または SN）で 0 か 1 が決まる．書込みは，この磁石をつくることであり，読出しは磁石の方向を検出することである．磁石が小さくなれば，磁力が小さくなるから検出は難しくなる．したがって，単位長さあたりにつくることのできる磁石の数には限界がある．現在では，1 インチの長さに 150 万個を超える小磁石をつくることができる[1]．

　一方，トラックの間隔も記録密度を向上するうえで重要である．その下限は，モータの制御精度で決まるが，現在では 1 インチ幅で 30 万本を超えるトラックをつくることができる．その結果，1 平方インチあたり 500 G ビットを超える情報を書くことができるようになった．このような技術に支えられて，テラバイトを超えるハードディスク装置が流通するようになっている．

　図 11.6 のようにセクターを構成すると，外周側は内周側より疎に情報が記録される．そこで，外周側に行くほどセクター数を多くして，記憶容量を増加することが行われる．これをゾーンビット記憶とよぶ．具体的には，トラックを内周側から外周側に向かってグループ化し（これをゾーンという），ゾーンごとにセクター数を決める．この方式は，ゾーンによって，読み書き速度が異なるため，コントローラ側の負担は増えるが，記憶容量増加の効果が補ってあまりある．

　このように記録面が構成され，このうえに OS に依存したファイル構造がつくられ，コンピュータシステムが構築される．ファイル構造については，OS の教科書にゆずることとする．

11.2.2　RAID

　ハードディスク装置が突然動かなくなった，という経験をおもちの読者も多いことと思う．大切なデータがアクセス不能になることほど怒りがこみ上げることはない．バックアップをとってあればまだ救われるが，そのようなときに限ってバックアップしてなかったということはよくあることである．そこで，冗長構成にすることでハードディスク装置の信頼性を向上する代表的な方法 RAID（Redundant Array of Inexpensive Disks）[2] について述べる．こ

---

[1] これは，水平磁気記録方式（面内記録方式）の値である．垂直磁気記録方式では，さらに高い値を達成できる．
[2] 現在では，Redundant Array of Independent Disks の頭字とする場合もある．

れは，1988年にパターソンらによって提案された方法である[1]．複数のディスク装置を並べて構成し，一つのデータやファイルのコピーをいくつかのディスク装置に記憶することで，一つのディスク装置が壊れても，ほかのディスク装置がバックアップするのでシステムを停止することなく処理を継続できる方式である．

当初は，RAID1 から RAID5 まで5種類の構成法が提案されたが，その後二つ追加され，RAID0 から RAID6 として認識されている．以下では，それらのうち，よく使われる方式を紹介する．

RAID0（ストライピング）

RAID0 は，複数台の物理ディスク装置で構成されるが，データなどの冗長配置はしない．A,B,C,D をデータとすると，その配置例は，図 11.7（a）のようになる．すなわち，複数のデータは分散配置される．したがって，厳密には RAID ではないが，以下に述べる方法と組み合わせて使われるため，RAID0 と名付けられ，配置の仕方からストライピングとよばれる．

RAID1（ミラーリング）

RAID1 は，複数の物理ディスクにデータのコピーを記憶する（多重化）．複数の物理ディスクが同時に故障することはきわめて少ないので，信頼性が大幅に向上する．データの配置例は，図（b）のようになる．一方で，ディスクの利用効率は悪くなることとはトレードオフの関係になる．一方の物理ディスクの鏡像が他方の物理ディスクにつくられるということから，ミラーリングとよばれる．

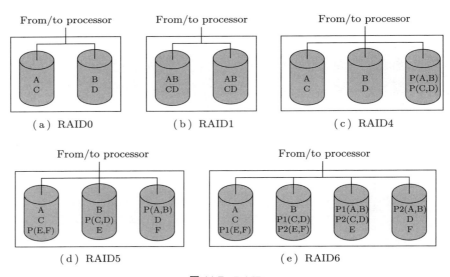

図 11.7 RAID

---

[1] 最初の論文のモチベーションは，当時の大型計算機に用いられていた高性能ディスクに匹敵するディスクを，複数の安価なディスクから構成する方法，というものであった．すなわち，安価なディスクを並列に動作させて速度を稼ぐが，複数のディスクを使うとシステムとしての故障率が上がるから，冗長構成にして故障耐性を上げる，という提案であった．

RAID4（パリティ）

RAID4 は，パリティ[1]用のディスクを付加する（具体的なパリティの付け方は後述の例で示す）．最低 3 台のディスクを要する[2]．データを A,B とし，簡単のため，セクター長に等しいとする．また以下では，ディスクは 3 台とする．各ディスクの同じセクター番号をもつセクターにそれぞれ，A, B, P(A,B) を記録する．ここで，P(A,B) はデータ A, B のビットごとのパリティである（図(c)参照）．このような構成をすると，どれかのディスクが故障しても，故障したディスクの情報は，ほかのディスクの情報から復元できる．

パリティの付加例を示す．パリティは $P(A, B) = A \oplus B$ で計算するものとする（奇数パリティ）．ここで，$\oplus$ はビットごとの排他的論理和演算である．このとき，たとえばデータ B の入っているディスクが故障したとすれば，B の情報は，ほかの二つのディスクの A と P(A,B) から $B = A \oplus P(A, B)$ で復元できる．

データの書き換えに伴うパリティの更新は，書き換えるディスクとパリティディスクのみのアクセスですむ．たとえば，図(c)の RAID4 においてデータ A を A′ に書き換えたとする．そうすると，新しいパリティは $B \oplus A'$ であるが，これはつぎのように計算できるので，A とパリティの読出しは必要だが，B の読出しは必要ない．

$$(A \oplus B) \oplus A \oplus A' = A \oplus A \oplus B \oplus A' = 0 \oplus B \oplus A' = B \oplus A'$$

ここで，左辺第 1 項の ( ) 内はパリティディスクの内容である．

ディスク台数が多くなると，パリティ用ディスクへのアクセス集中が起こる．その理由は，上記のことから，データ用ディスクへのアクセスは分散するが，パリティ用ディスクは常にアクセスされるからである．その結果，パリティを分散するつぎの RAID5 が考案されるにいたった．

RAID5（パリティ分散）

RAID5 は，RAID4 の問題点を解決する構成方法である．すなわち，パリティ用のディスクを固定しないで，パリティをスキュード配置（ずらして配置）する（図(d)参照）．これにより，パリティが分散され，アクセス集中が回避される．

RAID6（複数パリティ分散）

RAID6 は 2 種類のパリティを利用する方法である[3]．最低 4 台のディスクを必要とする．パリティは RAID5 と同様にスキュード配置する（図(e)参照）．この構成では，2 台のディスクの故障に対してデータ復元ができる．

RAID2 と RAID3 は，データをビット単位でディスクに分散記憶する方式であり，冗長化手段として RAID2 はハミング符号，RAID3 はパリティを利用するものである．これらの方式は，現在ではほとんど使われない．

---

1) パリティの字義は「等価な状態」である．コンピュータでは，データ通信やデータ記憶の信頼性向上のために，パリティビットを付加することがある．たとえば，8 ビットのデータに 1 ビットのパリティビットを付加して 9 ビットのデータとし，その中で 1 の総数が偶数になるようにパリティビットを定める．これを偶数パリティという．逆に，奇数になるように定めるときは奇数パリティという．
2) 2 台の場合はミラーリングと同じになる．
3) 一つは，RAID5 と同じパリティ．もう一つは，重み付きガロア体 GF(2) における剰余であるが，その詳細は専門書を参照されたい．

RAID0 とほかの方式を組み合わせることで，速度，容量，耐故障性の向上を図ることができる．いくつかを紹介する．

RAID01 と RAID10　　RAID0 と RAID1 の組合せ．この方式では，最低 4 台のディスク装置が必要となる．以下 4 台 (2 + 2) で構成する場合の例を示す．RAID01 は，2 台のディスク装置でストライピングを行い，それをミラーリングする方式である．それに対して，RAID10 は，2 台のディスク装置でミラーリングを行う．これをミラーセットとすれば，ミラーセットをストライピングする方式である．耐故障性は RAID10 が優れているといわれている．

RAID05 と RAID50　　RAID0 と RAID5 の組合せ．最低 6 台のディスク装置が必要となる．6 台の場合，RAID50 は 3 台で RAID5 のセットを構成し，2 組のセット間でストライピングする．それに対し，RAID05 は 2 台で RAID0 のセットを構成し，3 組のセット間で RAID5 を構成する．

第 11 章のポイント

コンピュータのもう一つの構成要素，入出力装置について学んだ．

- インタフェースとして，バスが重要な役割を果たす．
- パラレルバスでは，ハンドシェイク型のデータ授受制御を行う．
- バスのデータ転送能力に対する要求は増加の一途をたどっており，最近は，ハンドシェイク型のバスのデータ転送能力の限界を超えるようになってきた．そこで，シリアルバスに注目が集まってきている．シリアルバスはクロック埋め込み型であり，パラレルバスの限界を超えたデータ転送ができる．
- データの入出力効率を向上させるために，プロセッサがバスを利用しない時間を使って，入出力装置とメインメモリの間でデータ転送を行う DMA 転送がある．
- ハードディスク装置は，もっとも重要な入出力装置の一つである．
- ハードディスク装置の記憶面は，セクター，トラック，シリンダーで構成されている．
- ハードディスク装置の信頼性を向上させるための技法として，RAID がある．
- RAID は RAID0 から RAID6 までの構成法があり，それらを組み合わせた構成法もある．

演習問題

11.1 図 11.3 のバスグラント線に関して，装置内はどのように回路構成すればよいか．

11.2 1 インチに 150 万ビット記録できるとすると，512 バイトのセクターの長さ l はいくらになるか．セクターヘッダなどに必要な情報は，セクター本体の 20% とする．

11.3 回転数 7200 rpm，セクタサイズ 512 バイトのディスクがある．平均シーク時間は 10 ms と

し，トラックの平均半径は 1.2 インチ，セクター長は演習問題 11.2 の値を使うものとする．また，データ転送速度は 480 Mbps とする．このとき 512 バイトのデータを読出すのに必要な平均読出し時間を求めよ．

11.4 1 台のディスクが x 時間以内に故障する確率が $\Pr\{t < x\} = 1 - e^{-x/\tau}$ で与えられるとする．このとき，

(1) 平均故障時間はいくらか．
(2) 2 台のディスクが x 時間以内に故障する確率はいくらか．ここで，各ディスクは独立で，上記の故障確率をもつものとする．
(3) 2 台のディスクが両方とも故障してしまう平均故障時間はいくらか．

付録A

乗算器と除算器

A.1 乗算器

ここでは，符号なし2進数の乗算を考える．2進数の乗算は，10進数の乗算と同様に行うことができる．nビットの2進数とmビットの2進数の積は，最大で$n+m$ビットの2進数になる．乗算の具体的な計算，たとえば，$0110 \times 1011 = 1000010$の計算は，つぎのような積み立て算になる．

$$
\begin{array}{r}
0110 \\
\times\ 1011 \\
\hline
0110 \\
0110 \\
0000 \\
0110 \\
\hline
1000010
\end{array}
$$

乗算器は，この計算をする回路である．その構成法は，繰返し演算による方法と並列演算による方法に分けられる．繰返し演算構成は，ハードウェア量は少なくてすむが，演算時間が長くなる．並列演算構成は，多量のハードウェアを導入して演算時間を短縮する構成法であり，LSIの集積度が高くなった現在では実用に供する手法である．以下では，これらの構成法について述べる．

A.1.1 乗算器の繰返し演算構成

被乗数をM_1，乗数をM_2とする．これらはともにnビットの2進数とする．また，途中結果を記憶する変数をTとする．変数Tは$2n$ビットの大きさとする．そうすると，つぎのアルゴリズムにより乗算ができる（以下で，$a \leftarrow b$はbをaに代入することを意味する）．

> Step 1　$i \leftarrow 0, T \leftarrow 0$.
> Step 2　M_2の第iビットが0ならStep 3へ，そうでなければつぎの計算をする．
> $$T \leftarrow T + M_1 \times 2^i$$
> Step 3　$i = n-1$なら終了．そうでなければ，$i \leftarrow i+1$としてStep 2へ．

このアルゴリズムのStep 2は，つぎの手順に変更しても最終結果は同じものが得られる．以下では，Tの第jビットから第iビット$(j \geq i)$を$T[j, i]$と書くことにする．

> **Step 2-1** M_2 の第 i ビットが 0 なら Step 2-2 へ．そうでなければ，つぎの計算をする．
> $$T[2n-1,n] \leftarrow T[2n-1,n] + M_1$$
> **Step 2-2** T を右に 1 ビットシフトする．すなわち，
> $$T[2n-2,0] \leftarrow T[2n-1,1], \quad T[2n-1,2n-1] \leftarrow 0$$
> とする．

このアルゴリズムを見ると，T の下位 n ビットは最初は使われておらず，Step 2-1, 2-2 が繰り返されるごとに，左から右に向かって積の中間結果が 1 ビットずつシフトされて入ってくることがわかる．一方，乗数 M_2 については，i 回目の繰返しでは第 i ビットの値が必要で，そのとき第 $i-1$ ビットから第 0 ビットまでの値はすでに計算ずみであるからなくてもよいことがわかる．したがって，最初に T の下位 n ビットに乗数 M_2 を入れておき，積の中間結果のシフトにあわせて乗数をシフトしても，必要な情報を失わない．すなわち，T の下位 n ビットは乗数のために使用でき，かつ第 i 回の繰返しのとき，乗数の第 i ビットは $T[0,0]$ の位置にくることがわかる．このような変更を加えたアルゴリズムはつぎのようになる．

> **乗算アルゴリズム M**
>
> **Step 1** $i \leftarrow 0, T[n-1,0] \leftarrow M_2, T[2n-1,n] \leftarrow 0$
> **Step 2-1** $T[0,0]$ が 1 なら
> $$T[2n-1,n] \leftarrow T[2n-1,n] + M_1$$
> を計算する（$T[0,0]$ が 0 のときは何もしない）．
> **Step 2-2** T を右に 1 ビットシフトする．すなわち，
> $$T[2n-2,0] \leftarrow T[2n-1,1], \quad T[2n-1,2n-1] \leftarrow 0$$
> とする．
> **Step 3** $i=n-1$ なら終了．そうでなければ，$i \leftarrow i+1$ として Step 2-1 へ．

このアルゴリズムによる乗算の実行例を表 A.1 に示す．$n=4$ とし，$M_1 = 1010$, $M_2 = 0110$ とする．

このアルゴリズムに基づく乗算器を図 A.1 に示す．この構成では，乗数や計算の途中結果を記憶しておく回路（レジスタ）[1]および繰返し動作を制御する回路が必要になる．T に相当するのが，図の下部に示してある $2n$ ビットのレジスタである．これを積レジスタとよぼう．

表 A.1 乗算の実行例

繰返し	Step	i	T	M_1	コメント
1	1	0	00000110	1010	初期化
1	2-1	0	00000110	1010	$T[0,0]=0$
1	2-2	0	00000011	1010	右シフト
2	2-1	1	10100011	1010	$T[0,0]=1$, 加算
2	2-2	1	01010001	1010	右シフト
3	2-1	2	11110001	1010	$T[0,0]=1$, 加算
3	2-2	2	01111000	1010	右シフト
4	2-1	3	01111000	1010	$T[0,0]=0$
4	2-2	3	00111100	1010	右シフト，積：$T[7,0]$

---

[1] レジスタについては，第 4 章を参照されたい．

142   付録A 乗算器と除算器

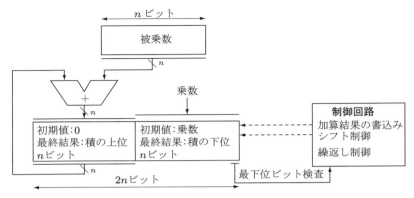

図 A.1 繰返し制御型乗算器

積レジスタは Step 2-2 に対応するシフト機能を有するものとする[1]．積レジスタの上下にある直線は，データの書込み/読出しの範囲を示す．データの流れは実線で示し，制御の流れは破線で示す．図の制御回路は，つぎのような動作をする．

1. 積レジスタの最下位ビットを見て，それが1の場合，加算器の出力データを積レジスタの上位 n ビットに書き込む．
2. 積レジスタの1ビット右シフトを行う．
3. 以上を必要回数(n 回)繰返し実行する．

この図では，初期化などに必要な制御は省略してある．制御回路の具体的な構成については，第5章を参照されたい．

符号付き2進数の乗算　符号付き2進数の乗算についてはいくつかの方法があるが，そのなかでもっとも簡単な方法は，以下のようなやり方である．

1. 乗数，被乗数で負数を正数に変換する．また，乗算結果の符号を記憶しておく．
2. 正数どうしの乗算を行う．
3. 乗数と被乗数が異符号の場合，乗算結果の変換を行う[2]．

A.1.2　乗算器の並列演算構成(並列乗算器)

LSI 技術の進歩とともに多量の回路を乗算器に投入できるようになり，並列演算構成が可能になった．この方式は，まさに積み立て演算を行う回路を，複数の加算器を用いて構成する方式である．その基本的な構成を図 A.2 に示す．この図では，被乗数を Y，乗数を X で表し，積を M で表している．AND は論理積回路であり，被乗数の各ビットと x_i の論理積，すなわち $(y_{n-1}\cdot x_i, y_{n-2}\cdot x_i, \cdots, y_0\cdot x_i)$，が計算される．$n$-bit adder の左側の出力は桁上げであり，下側の出力は和である．図の一つの箱が積み立て算の1行分の計算に相当する．この回路は組合せ回路であるので(繰返し演算で必要だった制御回路が不要なため)，高速な演算ができる．

---

[1] シフト機能を有するレジスタをシフトレジスタとよぶ．
[2] n ビットの数どうしを掛けると $2n$ ビットの数になるから，結果は $2n$ ビットの符号付き数として扱う．

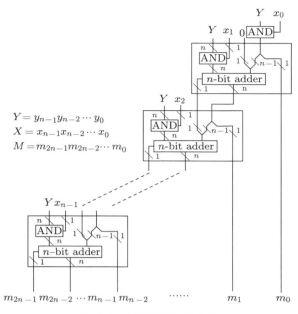

図 A.2　並列乗算器の概念図

A.2　除算器

　乗算の場合と同様に，まず，符号なし 2 進数の除算を考える．2 進数の除算は，通常の 10 進数の除算と同様の手順で行えばよい．具体的には，被除数の上位の桁から除数が引けるかどうかを調べ，引ける場合は商に 1 を立て，引けない場合は 0 を立てる．これを被除数の下位の桁に向かって繰り返し行う．そして最後に残った数が剰余となる．符号なし 2 進数の場合，商も剰余も正整数である．この計算は，つぎのように行えば機械的にできる．被除数を D_1，除数を D_2 とし，ともに n ビットの 2 進数とする．また，途中結果を記憶する変数を T とする．変数 T は $2n$ ビットの大きさとし，T の第 j ビットから第 i ビット（$j \geq i$）を $T[j,i]$ と書く．ほかの記法は，乗算の場合に準ずる．

除算アルゴリズム D

Step 1　$i \leftarrow 0, T[n-1, 0] \leftarrow D_1, T[2n-1, n] \leftarrow 0$

Step 2　$T[2n-2, n-1] < D_2$ なら T を左に 1 ビットシフトし，最下位ビットに 0 をセットする．

$$T[2n-1, 1] \leftarrow T[2n-2, 0], \quad T[0, 0] \leftarrow 0$$

そうでなければ，

$$T[2n-2, n-1] \leftarrow T[2n-2, n-1] - D_2$$

とする．さらに，T を左に 1 ビットシフトし，最下位ビットに 1 をセットする．

$$T[2n-1, 1] \leftarrow T[2n-2, 0], \quad T[0, 0] \leftarrow 1$$

Step 3　$i = n-1$ なら終了．そうでなければ，$i \leftarrow i+1$ として Step 2 へ．

この結果，$T[2n-1, n]$ に剰余，$T[n-1, 0]$ に商が得られる．

このアルゴリズムの実行例を表 A.2 に示す．$n=4$ とし，$D_1 = 1110$，$D_2 = 0011$ とする．以下では，Step 2 の直前 (2i) と直後 (2o) における変数の内容を中心に示す．また，下線は Step 2 で比較の対象となる部分を示す．

表 A.2 除算の実行例

繰返し	Step	i	T	D_2	コメント
1	1	0	00001110	0011	初期化
1	2i	0	0000<u>1110</u>	<u>0011</u>	比較：0001 < 0011
1	2o	0	00011100	0011	左シフトして，$T[0,0]$ に 0 をセット
2	2i	1	000<u>1110</u>0	<u>0011</u>	比較：0011 = 0011，減算
2	2o	1	00001001	0011	減算結果セット，左シフト，$T[0,0]$ に 1 をセット
3	2i	2	00<u>00100</u>1	<u>0011</u>	比較：0001 < 0011
3	2o	2	00010010	0011	左シフトして，$T[0,0]$ に 0 をセット
4	2i	3	0<u>0010</u>010	<u>0011</u>	比較：0010 < 0011
4	2o	3	00100100	0011	左シフトして，$T[0,0]$ に 0 をセット 剰余：$T[7,4]$，商：$T[3,0]$

除算アルゴリズム D に基づく除算器を図 A.3 に示す．図の約束事は乗算器の場合と同じである．T に相当するのが $2n$ ビットのレジスタである．比較と減算は減算器で行う．制御回路は，比較結果を見て，減算結果をレジスタにセットするか，しないかの制御を行う．また，その後左シフト制御を行う．その際，商となる 1 または 0 を制御回路から出力し，レジスタの最下位ビットに入力するように回路構成しておけば，左シフト操作の中で商のセットもできる．

符号付き 2 進数の除算に関しては，正の数に変換して除算を行い，結果の符号を補正する．正の数に変換して除算を行った商の値と実際の商の絶対値が等しくなるように約束するなら，剰余の値も両者でその絶対値が等しくなる．したがって，表 A.3 のように付け替えればよい．表は (商の符号，剰余の符号) で示している．

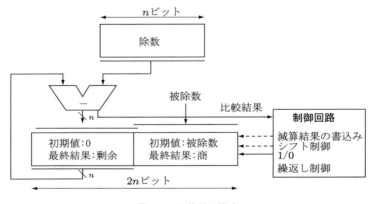

図 A.3 除算器の構成

表 A.3

		被除数	
		正	負
除数	正	(正, 正)	(負, 負)
	負	(負, 正)	(正, 負)

付録 B マルチサイクル構成における制御回路に関する補足

ここでは，乗算器の制御，制御回路の実現方式について補足説明する．

B.1 乗算回路の制御

7.2 節で述べたバス構成では，A.1.1 項で示した繰返し演算型乗算命令も容易に実現できる．まず，図 A.1 に示した $2n$ ビットの積レジスタを図 7.12 に追加する．図 B.1 に追加部分を示す．ここでは，$n=32$ である．MIPS における乗算命令の仕様から，これを (Hi, Lo) レジスタと名づける．この 64 ビットレジスタは，1 ビットの右シフトができるものとする．また，図 B.1 のように Hi, Lo 個別の読み書きができるものとする．さらに，Lo レジスタの最下位ビットは，制御回路へ入力される．このほかに，5 ビットの繰返し制御用のカウンタを制御回路内に用意する．

乗算の実行制御をするために，図 7.13 の有限状態機械に追加する状態は以下のようになる．また，状態遷移図を図 B.2 に示す．

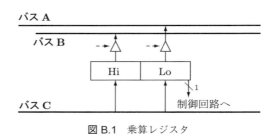

図 B.1 乗算レジスタ

図 B.2 乗算の状態遷移

図 7.13 に追加する状態

3-10 乗算の初期化：Ra2 で指定したレジスタの内容をバス B に出力し，ALU を経由して Lo レジスタにセットする．並行して，Hi レジスタと繰返し制御カウンタをリセット（0 クリア）する[1]．

4-4 加算処理：Ra1 で指定したレジスタの内容と Hi レジスタの内容をそれぞれバス A とバス B に出力し，ALU で加算を行う．Lo レジスタの最下位ビットが 1 なら加算結果を Hi レジスタに書き，そうでない場合は書込みを行わない．並行して，繰返し制御カウンタの値を 1 減らす（カウントダウン制御）．

5-1 右シフト処理：(Hi, Lo) レジスタを 1 ビット右シフトする．繰返し制御カウンタの値が 0 でなければ状態 4-4 へ，0 ならば状態 1 へ．

B.2 制御回路の実現方式

状態制御回路の実現には 2 通りの方法がある．布線論理制御方式（ハードワイヤード制御方式）とマイクロプログラム制御方式である．

布線論理制御方式

図 7.13 の状態遷移を行う制御回路を，5.2 節で述べた順序回路を使って実現するものである．この方式は，高速な動作ができるという長所をもつが，制御の変更に対する柔軟性に欠けるという短所をもつ．また，命令の数が多くなるとそれを制御する状態機械の状態数が膨大となり，設計が複雑になる．

マイクロプログラム制御方式

小容量ではあるが高速のメモリを利用して，有限状態機械をプログラム制御する方式である．このプログラムをマイクロプログラム[2]といい，このメモリを制御メモリという．制御メモリにはマイクロ命令を格納する．マイクロ命令は，機械語命令を解釈実行するための命令という意味で名づけられた．マイクロ命令を用いて図 7.13 の有限状態機械を記述する．一つの状態が 1 マイクロ命令に対応する．図 B.3 に構成概念図を示す．図において，マイクロプログラムカウンタ（μPC）が示すアドレスの内容が制御メモリから読み出される．そして，制御フィールドに記述された情報から制御信号がつくられる．順序制御情報はマイクロプログラムシーケンサに送られ，命令レジスタやフラグレジスタの情報と合わせて，つぎに実行するマイクロプログラムアドレスがつくられる[3]．そして，μPC にセットされる．これを繰り返すことで，機械語命令の解釈実行が行われる．

マイクロ命令は，1 語が数十ビットから 200 ビット程度で構成され，制御メモリの語長はそれに一致する．

制御フィールドには制御信号を割り当てる．その方法として，

(1) 制御信号ごとにビットを割り当てる方法

---

[1] レジスタにリセット入力を設けておけば，これらは並行動作できる．
[2] マイクロプログラムはハードウェアとソフトウェアの中間に位置することから，ファームウェア（firmware）とよばれる．
[3] たとえば，図 7.13 の状態 2 のマイクロ命令の順序制御情報のフィールドには，状態 3-1 のマイクロ命令アドレスが入っている．マイクロプログラムシーケンサは，この値と命令レジスタの op, funct フィールドの値から，つぎのマイクロ命令アドレス（状態 3-1 から状態 3-9 のいずれか）を生成する．

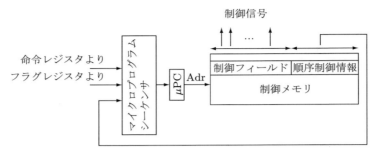

図 B.3　マイクロプログラム制御方式

(2) いくつかの制御信号をグループにしてエンコードし，グループごとに必要数のビットを割り当てる方法
(3) 機械語命令と同じように，多数の制御信号をエンコードして機械語命令と同じようなスタイルをとる方法

がある．(1)，(2)を水平型マイクロ命令形式，(3)を垂直型マイクロ命令形式という．

エンコードした水平型マイクロ命令形式は図 B.4 のような形式になる．たとえば，バスに出力する 3 ステートバッファの制御信号を一つのグループにするなど，排他的に制御する信号をグループ化する．図 7.12 の例なら，バス A，バス B の出力制御信号をそれぞれグループ化して割り当てることになろう．一方，マルチプレクサは独立な制御が必要なので，それぞれ個別のビットが割り当てられることになろう．

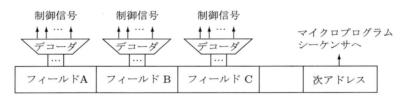

図 B.4　エンコードされた水平型マイクロ命令形式

この方式は，布線論理制御方式とは逆に，マイクロプログラムの入替えで制御の変更ができる利点があるが，制御メモリを用いるため動作がやや遅くなるという欠点がある．

付録 C シリアルバスの仕組み

ここでは，シリアルバスの技術ベースとなる差動伝送についてまず説明し，あわせてマザーボード上で用いられる PCI Express バスについて説明する．PCI Express バスでは，伝送するデータに 8b/10b 符号化という技術が使われるので，その概要についてつぎに説明する．最後に，プロセッサ側と外部装置を接続する USB バスの構成について説明する．

C.1 差動伝送

シリアルバスの高速転送速度を達成するために，**差動伝送**(differential signaling)という方式が用いられる[1]．差動伝送回路は，図 C.1 のように記述される回路である．以下では，差動伝送が高速転送を実現できる理由を述べる[2]．

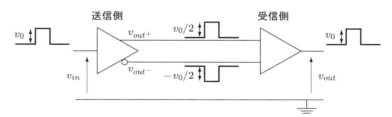

図 C.1　差動伝送

まず，図の送信側の回路は，入力信号 v_{in} を正負が逆になる信号 v_{out+} と v_{out-} に変換して出力する（$v_{out+} = -v_{out-}$）．受信側の回路は，入力信号 v_{out+} と v_{out-} の差を出力する（$v_{out} = v_{out+} - v_{out-}$）．これら一対の信号線を差動信号線とよぶことにする．図では簡単のため，差動信号線上の振幅を $\pm v_0/2$ としているが，実際にはもっと小さな値でよい．

差動伝送が雑音の影響を受けにくい理由を述べる．外部雑音など伝送に悪影響を与える雑音は，主としてグランド線と信号線の間に加わるので，二つの差動信号線にほぼ同じ雑音が加わる．すなわち，雑音の加わった信号は，$(v_{out+} + v_{noise}, v_{out-} + v_{noise})$ となる．この雑音のことを**同相雑音**という．差動伝送は，同相雑音を除去できる利点がある．すなわち，図の受信側の出力は $(v_{out+} + v_{noise}) - (v_{out-} + v_{noise}) = v_{out+} - v_{out-}$ となり，同相雑音

---
[1] 従来のバスの信号伝送は，シングルエンド方式とよばれる．
[2] 詳細については電子回路の教科書を参照してほしい．

が除去される[1]．これにより，小振幅の信号でも雑音に頑健な伝送をすることができるのである．振幅が小さければ，信号の立ち上り/立ち下り時間を短くすることができる．信号の振幅は，雑音によって誤受信が起こらないような範囲であればよい[2]．

　パラレルバスでは，ハンドシェイク，スキューおよび静電容量が転送速度を制限する主な要因であった．それに対して，シリアルバスでは，信号線を1対(2本)の差動信号線にし，また，1対1の装置間のデータ転送にすることにより，スキューの問題を改善している．また，ハンドシェイクは行わず，後述のように，ソフトウェア的に伝送データのエラーチェックを行う．Gbpsを超えるような転送では，送信側と受信側でシステムのクロックを利用して同期を確保することは困難なので，同期情報をデータに埋め込むセルフクロック方式を用いる．基本的な考え方は，送信側は0101…と変化する一定量の同期用データとそれに引き続く本来のデータを自己のクロックで送信する．受信側は，同期用データを用いて，データを送る送信側クロックに合わせたクロックを生成する(その回路をPLL (phase lock loop) 回路という)．このクロックを利用して本来のデータを受信する．

　送信側のクロックは，電子回路の性質上，時間的な揺らぎがあるので，同期用データでクロックを生成しても，時間の経過とともにクロックのずれが生じて，正しいデータが受け取れなくなることがある．そのため，1回に送ることができるデータの大きさ(ビット数)は制限される．大量のデータは，同期用データと本来のデータの組を繰り返し送ることで回路レベルでの伝送を実現する．最近の高速転送では，後述する8 bit/10 bit 符号化(8b/10b encoding)法が用いられることが多い．これは，データの中にクロック情報を埋め込む方式である．

C.2　PCI Express

　A, B 1組の装置間で双方向データ転送(duplex)を行うには，1対の信号線を交互に使う方法と，2対の信号線を用意して一方を A → B，他方を B → A の転送に使用する方法がある．前者を半二重方式(half duplex)，後者を全二重方式(full duplex)という[3]．ただし，差動信号線を用いた全二重方式には，dual simplex という用語が用いられる[4]．つぎに述べる PCI Express は全二重方式(dual simplex)，C.4節で述べる USB 2.0 は半二重方式を採用している．

　シリアルバスは，1対1の装置間の伝送が基本であるため，多対多の装置間の伝送は，(電子的な)スイッチを導入し，それを切り替えることで実現する．

　シリアルバス上のデータのやり取りをトランザクションという．トランザクションとは売買の行為という意味で，コンピュータ用語としては，端末装置とコンピュータ間で一つの入力メッセージを送ること，あるいは一つの出力メッセージを送ることというように，装置間での通信の単位として用いられてきた．トランザクションの実体はパケットである．パ

---

1) 実際には，二つの信号線にのる雑音がまったく同じということはなく，出力には微小な雑音が残る．
2) 厳密に言えば，誤受信の確率が一定値以下になるような範囲であればよい．
3) もともとは電話など電気通信の世界で使われている用語である．
4) simplex は，単方向データ転送の意味である．

ケットは，ヘッダとよばれる制御情報と本体とよばれるデータの集まりである．以下，PCI Expressバスを例に見てみよう．

PCI Expressでは，分割トランザクションを採用している．これは，リクエスタとよばれる要求トランザクションと，コンプリータとよばれる応答トランザクションから一連の処理が組み立てられることを意味する[1]．たとえば，CPUからメモリへの(読出し)要求トランザクションに対して，メモリからCPUへの応答トランザクションで読出しデータを返す，という具合である．

トランザクションには四つのタイプがある．メモリ，入出力，コンフィグレーション，メッセージの各トランザクションである．各タイプは，要求と応答のトランザクションから構成される．コンフィグレーションは装置のセットアップに使用され，メッセージは主として例外処理で用いられる．

トランザクションを具現化するために，PCI Expressでは，三つの階層が定義されている．トランザクション層，データリンク層，物理層である(図 C.2 (a)参照)．図の下向きの矢印は送り出し側の処理手順，上向きの矢印は受け入れ側の処理手順である．バスに接続される二つの装置は，それぞれが図の機能をもつ．データは，一方の装置の送信側を下って送り出され，バスを経由して他方の装置の受信側を上って受け取りが行われる．それぞれの階層の処理は以下のとおりである．

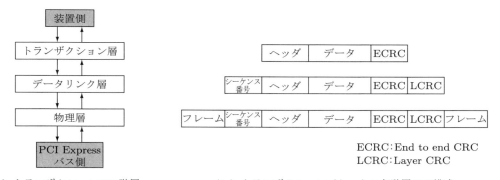

(a) トランザクションの3階層　　(b) トランザクションパケットの各階層での構成

図 C.2　トランザクションの3階層とトランザクションパケットの構成

- トランザクション層：3階層の最上位層．送り出しの場合，要求/応答データをパケットに仕立てる(図(b)参照)．受け取りの場合は，パケットからデータを抽出する．ヘッダ情報としては，トランザクションタイプ，データサイズ，アドレス情報，装置番号などトランザクションに必要な情報が含まれる．また，エラーチェック用の情報(ECRC)が含まれる[2]．
- データリンク層：データリンク層の主な目的は，エラー検出と訂正である．送り出しの場合はシーケンス番号とエラーチェックコードを付加して物理層に送る．受け取りの場合は，シーケンス番号をチェックしてパケットが順番どおりにきているかどうかを確認

---

[1] 応答トランザクションは不要の場合もある．
[2] CRC は cyclic redundancy check (巡回冗長検査)で，誤り検出符号の一種である．

する．また，エラー検出コードの確認を行う．これらに不具合があった場合，再送処理を行う．再送処理は，データリンク層間で行われる．そのためのパケット（データリンク層パケット）が用意されている．

- 物理層：パケットの送信および受信を実際に行う最下位層．パケットの先頭と終端を示すフレーム文字を付加して（図(b)参照），バス上を流れるトランザクションパケットに仕立てる．また，送受信回路の制御を行い，8b/10b 符号化やパラレル・シリアル変換などの操作を行う．

物理層のパケットの大きさは，データ部分が 0〜4096 バイトであり，その他の部分が 24〜28 バイトである．また，8b/10b 符号化により 1 バイトが 10 ビットのデータに変換されるので，転送効率は，4096 バイトのデータを送る場合，$\frac{4096}{4096+28} \times \frac{8}{10} = 79.5\,\%$ となる．ヘッダによる効率低下は 0.5% 程度である．PCI Express 3.0 は 8 Gbps の速度であるから，795 MB/s の転送能力となる．また，PCI Express バスは，1 本のシリアルバスが基本（これをレーンとよぶ）であるが，4 本を一組にする構成（束ねたものをリンクとよぶ．転送能力は n 本で n 倍になる）や 8 本を一組にする構成など，多様な構成（最大 32 本一組）が可能になっており，より強力なデータ転送が可能となっている．

C.3　8b/10b 符号化

8b/10b 符号化は，1 バイト（8 ビット）のデータを 10 ビットのデータに変換する方法である．その変換方法は，種々存在する．以下では，クロック埋め込み式のシリアル伝送に適した方法を紹介する．この方法は，1980 年代に IBM から提案されたものである．

IBM の 8b/10b 符号化は，つぎの条件を満たすように，8 ビットのデータを 10 ビットのデータに変換する．

条件 1：8 ビットごとにデータの順番に変換する（ライン符号化）．
条件 2：変換後のビット列（10 ビット）において，1 の数と 0 の数の差が ±2 以内になる．
条件 3：変換後の連続するビット列（10 の倍数で 20 ビット以上）において，1 の数と 0 の数の差が ±2 以内になる．
条件 4：変換後の連続するビット列において，連続する 1 の並びまたは 0 の並びが 5 以下になる．

これらの条件は，伝送路の電気的特性から直流成分を 0 にしたいこと（これを DC バランスという），および変換後のビット列における十分な回数の値変化を利用して伝送元のクロック信号を再生したいことからきている．また，上記の条件 2 が必要な理由は以下のとおりである．8 ビットのビット列の組合せは 256 通りあり，10 ビットでは 1024 通りである．後者の組合せのうち，1 の数と 0 の数が半々になる組合せは 252 通り（$_{10}C_5$）であるから[1]，これだけでは 8 ビットのビット列の変換には不足する．そのため，1(0) の数が 6 個と 0(1) の数が 4 個の組合せも利用する必要がある．

---

1) 条件 4 を考慮すると，実際に使える組合せはもっと少なくなる．

IBM 方式は，実際には，8 ビットのデータを上位 3 ビットと下位 5 ビットに分け，それぞれを 4 ビット，6 ビットのデータに変換し，それらを 6 ビットデータ，4 ビットデータの順に連接して 10 ビットのデータにする．これらの変換においては，上記の条件 2 を満たさなければならない．そのために，ランニングディスパリティ(running disparity，積算均衡値とよぶことにする) RD を導入する．RD は -1，1 の値をとり，それまでの変換列の 1 の数と 0 の数の差が負(0 の数が多い)のとき -1，正のとき 1 となる．差が 0 のときは変わらない(直前の値が継続する)．初期値は -1 とする．

データ変換はまず下位 5 ビットに対して行い，ついで上位 3 ビットに対して行う．変換表は，表 C.1 および表 C.2 で与えられる[1]．これらの表は，たとえば，入力が 00000 で現在の RD の値が -1 だったら，変換値は 100111 となる，というように読む．また，表の RD $= -1$ の列の変換結果は 1 の数が 0 の数より 2 多いか等しく，RD $= 1$ の列は 1 の数が 0 の数より 2 少ないか等しくなっている．つまり，いままで 1 の数が少なかったら(RD $= -1$)，今度は 1 の数が多い変換値を出力し，1 の数と 0 の数を均衡させようという考え方である．

表 C.1 5 ビットデータの変換表

入力	RD $= -1$	RD $= 1$	入力	RD $= -1$	RD $= 1$
00000	100111	011000	10000	011011	100100
00001	011101	100010	10001	100011	
00010	101101	010010	10010	010011	
00011	110001		10011	110010	
00100	110101	001010	10100	001011	
00101	101001		10101	101010	
00110	011001		10110	011010	
00111	111000	000111	10111	111010	000101
01000	111001	000110	11000	110011	001100
01001	100101		11001	100110	
01010	010101		11010	010110	
01011	110100		11011	110110	001001
01100	001101		11100	001110	
01101	101100		11101	101110	010001
01110	011100		11110	011110	100001
01111	010111	101000	11111	101011	010100

表 C.2 3 ビットデータの変換表

入力	RD $= -1$	RD $= 1$	入力	RD $= -1$	RD $= 1$
000	1011	0100	100	1101	0010
001	1001		101	1010	
010	0101		110	0110	
011	1100	0011	111*	1110	0001
			111*	0111	1000

* 前後関係によってどちらかが選ばれる．

---

1) 実際の IBM 方式では，このほかに制御用のデータも定義されるが，ここでは，簡単のためその記述は省略した．

変換後に RD の値を更新する．更新の仕方は，図 C.3 に示すように行われる．図 (b) は基本的な更新規則を示し，図 (a) は，変換が 5b → 3b → 5b → … の順に行われることを状態遷移図で表している．図 (b) で d は変換値の 1 の数と 0 の数の差を表す．図 (b) は，たとえば，現在 RD = −1 で入力を変換した結果，$d = 2$ だったら，RD は 1 になると読む（RD = −1 のとき，$d = -2$ になることはないし，RD = 1 のとき，$d = 2$ になることはない）．また，図 (a) は，たとえば左上の状態は，現在 RD = −1 で 5 ビット入力の変換を行うことを表し，変換の結果 $d = 2$ ならば，つぎは RD = 1 で 3 ビット入力の変換を行う，$d = 0$ なら，つぎは RD = −1 で 3 ビット入力の変換を行う，というように読む．

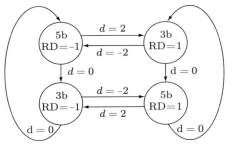

（a）制御状態遷移図　　　　　　（b）更新規則

図 C.3　制御状態遷移図と積算均衡値の更新規則

例：入力データが 10010111 で RD=−1 とする．表 C.1 から 10111 → 111010 となり，$d = 2$ であるから図 C.3 (b) から RD=1 となる．ついで，表 C.2 から 100 → 0010 で RD=−1 となる．その結果，1110100010 が得られる．

変換後のデータは，図 C.1 の回路を通してビットシリアルに伝送される．

C.4 USB

C.4.1 USB とは

USB は Universal Serial Bus の頭字であることからわかるように，シリアルバスである．第二世代の USB 2.0 では，USB 1.1 の 1.5 Mbps, 12 Mbps に加えて，480 Mbps のデータ転送速度を実現した．USB 3.0 では，5 Gbps の速度をサポートし，USB 3.1 になると 10 Gbps の速度をサポートする．USB 3.0/1 は USB 2.0 の機能もサポートする．USB 3.0 の実際の構成は，USB 2.0 のシリアルバスと新たに加わった 5/10 Gbps の双方向通信ができる超高速シリアルバスが混在したものである．超高速シリアルバスの構成は，論理的には USB 2.0 の考え方を踏襲し，通信方式は PCI Express と同様に，2 対の差動信号線を用いた全二重方式，3 階層の通信階層を採用している．したがって，超高速シリアルバスの通信方式は PCI Express を参考にしてもらうとして，本節では，USB 2.0 に関して構成概要を述べることとする．

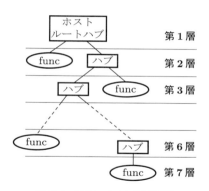

図 C.4　USB バスの接続形態

　USB はコンピュータ((USB)ホストとよばれる)と周辺装置((USB)装置とよばれる)を接続するケーブルバスである．ホストはシステム内に一つだけが許され，ホストをルートノードとして，樹状に USB 装置を接続できる(図 C.4 参照)．中間ノードにはハブ(hub)とよばれる中継装置が接続され，葉ノード(図の func)には，USB 接続可能なキーボードやメモリなどの装置が接続される．(木の)深さが同じレベルのことを層(tier)という．タイミングの制約から，木の深さは 7 層までである．第 1 層(ルートノード)には，ホストとルートハブがセットで置かれる．第 7 層にハブを置くことはできない．また，識別子情報が 7 ビットのため，識別できる装置の数は 127 に制限されている．装置は，後述する USB プロトコルに従って動作するように構成されている．

　USB 2.0 では 3 種類の通信速度(ハイスピード(480 Mbps)，フルスピード(12 Mbps)，ロースピード(1.5 Mbps))をサポートしている．低速側の二つは，USB 1.1 の仕様を引き継いだものである．USB 2.0 では，一対の差動信号線を用いてデータの送受信を行う．したがって，半二重方式の通信が行われる．クロックはセルフクロック方式である．USB 2.0 はポーリングに基づくバスである．ホストが主導権をもち，すべてのデータ通信を取り仕切る．

C.4.2　通信の階層構成

　USB ホストと USB 装置間の通信は，図 C.5 に示すように 3 階層(layer)で構成される．上位から，機能(function)層，USB 装置層，USB バスインタフェース層である．

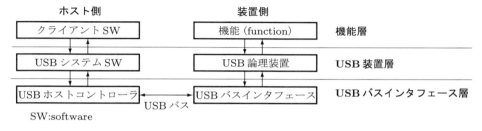

図 C.5　USB の通信階層

- 機能層では，ホスト側はサービスを要求するクライアントであり，装置側はデータの読出しや書込みのサービスを提供する機能である．クライアントはバッファを介して要求

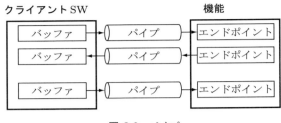

図 C.6 パイプ

を出し，機能はエンドポイントとよばれるポートを介してサービスを提供する．クライアントと機能は，それぞれ複数のバッファとエンドポイントをもち，バッファとエンドポイントが対となってパイプとよぶ（論理的な）通信路を構成する（図 C.6）．もちろん，図 C.6 は機能層を模式的に示した概念図であって，実際には図 C.5 の矢印の経路で通信が行われる．また，パイプは USB バスを時分割で共有する．一つのパイプは単方向の通信を行い，双方向の通信には二つのパイプが必要となる．

- USB 装置層では，ホスト側の主導のもとに，USB の基本操作を行う．具体例は後述する．また，この層には，デフォルトパイプとよばれる（論理的な）通信路が置かれ，USB システムソフトウェアと USB 論理装置間での通信が行われる．このパイプは，装置の初期化などのために用いられる．このパイプは双方向の通信（半二重通信）ができる．
- USB バスインタフェース層は，物理的な通信を行う．通信はセルフクロック方式であるため，ビット詰込み（bit stuffing）とよばれる処理（1 が 6 個続いたら，0 を一つ埋め込む処理）を行い，NRZI とよばれる信号変換方式[1]でクロック情報の埋め込みを実現する．

C.4.3 トランザクション

USB 2.0 は半二重通信のバスである．ホストと装置の間で通信方向を必要に応じて変えながら，ひとまとまりの処理を行う．この処理をトランザクションという．トランザクションはパケットを構成単位とする．パケットは，一方向の通信の単位である．通常，トークン，データ，ハンドシェイクの三つのパケットで一つのトランザクションが構成される．それぞれのパケットの構成を以下に示す（図 C.7 参照）．

- トークン：トランザクションの始まりを示すパケットである．パケット識別子（PID），装置のアドレス，エンドポイントの番号，CRC5（5 ビットの誤り検出符号）から構成さ

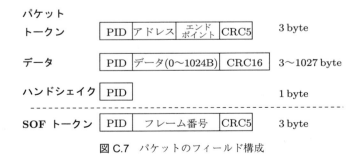

図 C.7 パケットのフィールド構成

---

[1] Non Return to Zero Invert の頭字．入力ビットが 0 のときは信号を反転し，1 のときは反転しない変換方式．

れる．ここで，パケット識別子はパケットの種別を示し，主なパケット識別子は表 C.3 のとおりである（以下同様である）．トークンパケットはホストから装置へ送信される．

- データ：送信するデータが入ったパケットである．パケット識別子，データ本体（0 〜 1024 バイト），CRC16（16 ビットの誤り検出符号）から構成される．データパケットは，トークンのパケット識別子によって，送信方向が異なる．
- ハンドシェイク：正しく受け取れたか否かを知らせるパケットである．パケット識別子のみから構成される．ハンドシェイクパケットは，トークンのパケット識別子によって，送信方向が異なる．

表 C.3　主なパケット識別子

パケット名	パケット識別子（PID）	意味
トークン	SETUP	パラメータなどの設定
	OUT	ホストから装置への出力
	IN	装置からホストへの入力
	SOF	フレームの開始
データ	DATA0	偶数回目のデータパケット
	DATA1	奇数回目のデータパケット
ハンドシェーク	ACK	送信成功
	NAK	送信失敗

　図 C.8 にトランザクションの例を示す．SETUP トランザクションは，装置の初期化などの処理を行う．IN(x) トランザクションは，装置からホストへデータ入力を行う．x は 0 または 1 である．大量のデータを入力する場合，このトランザクションを繰り返すが，その際，IN(0)，IN(1)，IN(0)，... という順に送り，トランザクションが順番どおりに行われているかチェックする．OUT(x) トランザクションも同様である（ホストから装置へのデータ出力）．

　USB 2.0 では，フレームとよばれる単位で時間を区切り，フレームの頭で識別用のトランザクションを行う．このトランザクションは，SOF トランザクションとよばれ，SOF トークンパケットのみから構成される（図 C.7，図 C.8 参照）．フレームの基準時間は 1 ms である．480 Mbps の高速動作時は，さらにフレームを 8 個に分割し，マイクロフレームとよばれる単位で SOF トランザクションを行う．

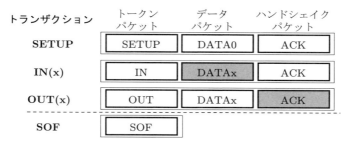

＊白地はホストから装置への送信，灰地は装置からホストへの送信，x は 0 または 1

図 C.8　主なトランザクション

トランザクションが組み合わされて，機能層や USB 装置層におけるデータ転送が実現される．データ転送の種別はつぎの 4 種類である．

- コントロール転送 (control transfer)：装置の制御パラメータの設定などの転送．転送の信頼性を保証．
- アイソクロナス転送 (isochronous transfer，ストリーム転送ともいう)：実時間性を重視する転送．転送中に誤りが発生しても手当てしない．
- 割込み転送 (interrupt transfer)：頻発はしないが一定時間内に応答が必要な転送．USB はポーリングを基本としているので割込み処理はできない．その代わりに，一定周期で割込み転送を行うことで割込み処理の代替をする[1]．転送の信頼性を保証．
- バルク転送 (bulk transfer)：ファイルなどのまとまったデータの転送．転送の信頼性を保証．

転送の例を図 C.9 に示す．コントロール転送は，通常三つのステージからなる (セットアップ，データ，ステータスの各ステージ．データステージはない場合がある)．図にはコントロール書込み転送の例が示してある．コントロール書込み転送の典型動作例は，セットアップステージで USB コマンドとよばれるコマンド (たとえば装置を初期化せよ，というコマンド) をホストから装置に送り，ついで，データステージで初期化に必要なデータをホストから装置に送信し，最後にステータスステージで結果を装置からホストに送る，というように動作する．

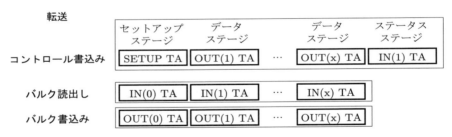

図 C.9 転送の例

バルク転送にはステージという概念はなく (強いてつけるなら，データステージと考えればよい)，IN/OUT トランザクションが必要回繰り返される．

複数のパイプが同時動作をしている場合，すなわち複数の転送が同時に実行されている場合，ホストコントローラがトランザクション単位で転送順序のコントロールをする．たとえば，二つの転送が同時動作している場合，各 (マイクロ) フレーム内で，それぞれの転送のトランザクションを一つずつ実行するようにする．フレーム内でどちらのトランザクションを先に行うかについては，ホストコントローラの裁量範囲である．この結果，あたかも二つの転送が同時実行されているように見える．

---

[1] たとえば，USB マウスは，10 ms 周期でマウスからデータを取り込めば，人間には不都合を感じさせないだろう．

ここで述べたのは，転送が成功した場合の例である．転送が失敗した場合の動作も重要であるが，紙面の都合で記述することができない．興味ある読者は，USB の仕様書などを参照されたい．

さらなる勉強のために

　本書では，コンピュータを構成するという立場から，コンピュータアーキテクチャの初学者を念頭に基本事項を述べた．そのため省略した事項も多数ある．コンピュータアーキテクチャに関してさらに進んだ勉学をめざす読者は，以下に示す書籍が参考になろう．

コンピュータアーキテクチャの定番書籍

(1) D. A. Patterson, J. L. Hennessy "Computer Organization and Design, Fifth Edition: The Hardware/Software Interface", Morgan Kaufmann, 2013.
　（邦訳）D. A. パターソン，J. L. ヘネシー（著），成田光彰（訳）「コンピュータの構成と設計 第5版 上・下」，日経BP社，2014.

(2) J. L. Henessy, D. A. Patterson "Computer Architecture, Fifth Edition: A Quantitative Approach", Morgan Kaufmann, 2011.
　（邦訳）J. L. ヘネシー，D. A. パターソン（著），中條拓伯 ほか（監訳）「コンピュータアーキテクチャ 定量的アプローチ 第5版」，翔泳社，2014.

コンピュータアーキテクチャ（和書）

　コンピュータアーキテクチャに関する和書は多数あるが，詳細に書かれたものとして以下がある．

(3) 中澤喜三郎「計算機アーキテクチャと構成方式」，朝倉書店，1995.
(4) 柴山潔「コンピュータアーキテクチャの基礎」，近代科学社，2003.
　そのほかに，たとえば
(5) 丸岡章「コンピュータアーキテクチャ」，朝倉書店，2012.
(6) 城和貴「コンピュータアーキテクチャ入門」，サイエンス社，2014.
(7) 中條拓伯，大島浩太「実践によるコンピュータアーキテクチャ」，数理工学社，2014.
などがある．

論理回路

　論理回路に関する和書は多数あり，基本事項が丁寧に解説されている．以下は，論理的に記述された書籍である．

(8) 高木直史「論理回路」，昭晃堂，1997.

入門書としてたとえば，
(9) 松下俊介「基礎からわかる論理回路」, 森北出版, 2004.
(10) 堀桂太郎「図解論理回路入門」. 森北出版, 2015.
がある．

演算器構成

(11) A. R Omondi "Computer Arithmetic Systems", Prentice Hall, 1994.
種々の演算器構成法が記述されている．

バス

　バスに関しては，やはり仕様書を読むのがよい．
(12) USB 2.0 の仕様書は以下のサイトで公開されている．
　　　http://www.usb.org/developers/docs/usb20_docs/
(13) PCI express バスに関する仕様書は，PCI-SIG から有料で入手できるが，PCI-SGI 非会員の料金は非常に高価である．
　　　http://pcisig.com/
書籍としては，
(14) R. Budruk, D. Anderson, T. Shanley "PCI Express System Architecture", Addison-Wesley Professional, 2003.
などがある．

コンピュータの黎明期の歴史

(15) H. H. ゴールドシュタイン(著), 末包良太(訳)「計算機の歴史―パスカルからノイマンまで」, 共立出版, 1979.
(16) 星野力「誰がどうやってコンピュータを創ったのか？」共立出版, 1995.

日本のコンピュータ開発史

(17) 遠藤諭「新装版計算機屋かく戦えり」, アスキー出版局, 2005.

演習問題解答

第 2 章

2.1

2 進数	10 進数	16 進数
101011101110	2798	0xAEE
10101011101111111	**87935**	0x1577F
10011111001111100111	652263	**0x9F3E7**

2.2 （1） 0000001100101101　　（2） 1111101010000000　　（3） 1000001110100100

2.3 （1） 13622　　（2） 30905　　（3） -7653

2.4 （1） 11101111　　（2） オーバフロー　　（3） 11010110　　（4） 11101111

第 3 章

3.1 $C = A \oplus B = A \cdot \overline{B} + \overline{A} \cdot B$ であるから，解図 3.1 のようになる．

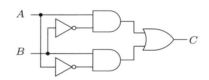

解図 3.1

3.2 入力 x, y の組合せが 4 通り．そのおのおのに対して出力の値 f_i を決める．そうすると，出力のパターンは下表のように 16 通りできる．よって，16 通り．

16 種類の論理関数 $f_i(x, y)$

$x\ y$	f_0	f_1	f_2	f_3	f_4	f_5	f_6	f_7	f_8	f_9	f_{10}	f_{11}	f_{12}	f_{13}	f_{14}	f_{15}
0 0	0	1	0	1	0	1	0	1	0	1	0	1	0	1	0	1
0 1	0	0	1	1	0	0	1	1	0	0	1	1	0	0	1	1
1 0	0	0	0	0	1	1	1	1	0	0	0	0	1	1	1	1
1 1	0	0	0	0	0	0	0	0	1	1	1	1	1	1	1	1

3.3 解図 3.2 のようになる．

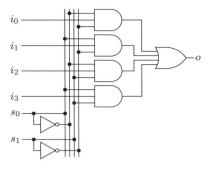

解図 3.2

3.4 半加算器を HA で表すと，解図 3.3 のようになる．HA_2 の出力 s_2 は $a \oplus b \oplus c_{in}$ である．また，$c_{out} = c_1 + c_2 = a \cdot b + (a \oplus b) \cdot c_{in}$ であり，変形すると $a \cdot b + b \cdot c_{in} + c_{in} \cdot a$ になる．

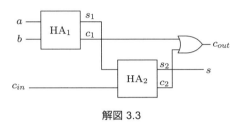

解図 3.3

3.5 $s = a + b$ において最上位ビットを $s_{msb}, a_{msb}, b_{msb}$ とすると，表 2.2 から，オーバフロー ovf はつぎのようになる．

$$ovf = \overline{a}_{msb} \cdot \overline{b}_{msb} \cdot s_{msb} + a_{msb} \cdot b_{msb} \cdot \overline{s}_{msb}$$

3.6 リップルキャリー型：桁上げ出力のパスがもっとも演算に時間を要する．全加算器一つあたり，2入力 AND を 1 段，3 入力 OR を 1 段通過する．すなわち，$2 + 1 + \log_2 3 = 4.58$ 単位時間（$\log_2 3 \approx 1.58$）．よって $4.58n$ 単位時間を要する．

桁上げ先見方式：簡単のため，n は 4 のべき乗とする．

和の回路では，入力 a, b から出力 s までは，二つの排他的論理和回路を通過する．排他的論理和回路の通過時間は，演習問題 3.1 の回路図からわかるように 5 単位時間であるから，二つで 10 単位時間．

桁上げ回路では，まず，g, p を求めるのに 2 単位時間を要し，図 3.11 の CLA4 の入力 c_0, g_i, p_i から c_4 までに要する時間は，式 (3.9) から，5 入力の AND と 5 入力の OR 回路の 2 段，すなわち $(1 + \log_2 5) \times 2 = 6.64$ 単位時間である（$\log_2 5 \approx 2.32$）．したがって，つぎのようになる．

$n = 4$ のとき：$2 + 6.64 = 8.64$ となる．このことは，$n = 4$ のときは，和の計算にもっとも時間がかかることを意味しており，10 単位時間となる．これに対して，リップルキャリー型は，18.32 単位時間．

$n = 16$ のとき：CLA4 がもう一つ加わるので，桁上げ回路の通過時間は，$8.64 + 6.64 = 15.28$ 単位時間となる．一方，和の回路の通過時間は変わらない．したがって，桁上げ回路にもっとも時間がかかる．リップルキャリー型は，73.28 単位時間．

$n = 64$ のとき：CLA4 がさらにもう一つ加わるので，桁上げ回路の通過時間は，$15.28 + 6.64 = 21.92$ 単位時間．リップルキャリー型は，293.12 単位時間．

一般には，桁上げ先見方式の通過時間は $\max(10, 2 + 6.64 \times \log_4 n)$ 単位時間となる．ただし，$n = 4^i$．

第 4 章

4.1 $R = 1, S = 1$ とすると $Q = 1, \overline{Q} = 1$ となり，フリップフロップの定義（Q と $\overline{Q}$ は反転の関係）に違反するため．

4.2 図 4.15 の各ゲートの出力を定めると，解図 4.1 (1) となる．この状態から，CLK が 0 から 1 に変化すると，各ゲートの出力は解図(2)のようになり，出力 Q は反転する．さらに，問題に示した条件下で D が 0 から 1 に変化すると，各ゲート出力は解図(3)のようになる．その結果，出力 Q は変化しないことがわかる（エッジトリガー型の動作）．

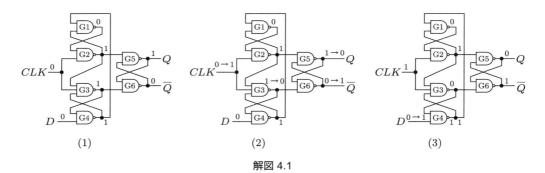

解図 4.1

4.3 (a) $CLK = 0$ のとき，G2 と G3 の出力は 1 である．その結果，G4 の出力は D が 0 ならば 1，1 ならば 0 となり，G1 の出力は D が 0 ならば 0，1 ならば 1 となる．また，$G5, G6$ の出力は変化しない．ここのところは RS フリップフロップの構成図（演習問題 4.1 の図 4.14）を参考にしていただきたい．$R = 0, S = 0$ の入力状態に対応する．

(b) つぎに，CLK が 0 から 1 に変化するとき，D が 0 ならば，演習問題 4.2 の解図(2)のように，G3 の出力が 1 から 0 に変化する（$R = 1, S = 0$ に相当）．また，$D = 1$ ならば G2 の出力が 1 から 0 に変化する（$R = 0, S = 1$ に相当）．その結果，出力 Q は前者の場合は 0 に，後者の場合は 1 に変化する．

(c) その後，$CLK = 1$ の状態で D 入力が変化しても G4 の出力は変化しない．また，その後に CLK が 0 に変化しても，G2, G3 の出力がともに 1 になり，(a)の保持状態になるため，Q 出力は変化しない．

よって，エッジトリガー型の動作が示された．

4.4 D_{in} は入力であるから，バスに接続して問題ない．D_{out} は出力であるが，その出力は 3 ステートバッファで遮断されている．したがって，そのコントロール信号を正しく制御すれば，バス上の衝突は起こさない．よって，バスに接続できる．

第 5 章

5.1 O_4：100 円を受け皿に戻す．

状態遷移図は解図 5.1 のようになる．

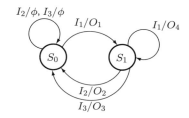

解図 5.1

5.2 状態 S_0：青点灯．S_1：黄点灯．S_2：赤点灯．入力 I_0：30秒タイマータイムアップ．I_1：2秒タイマータイムアップ．I_2：20秒タイマータイムアップ．出力 O_0：青消灯，黄点灯，2秒タイマースタート．O_1：黄消灯，赤点灯，20秒タイマースタート．O_2：赤消灯，青点灯，30秒タイマースタート．状態遷移図は解図5.2のようになる．

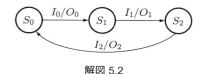

解図 5.2

5.3 カウンタの値を状態とする．クロックなどのカウントアップイベントを入力とする．5進カウンタは3ビットで表現できるので，Dフリップフロップ3個を使って状態を表すことにする．Dフリップフロップの出力 Q の値と状態を一致させることにする．出力はカウンタの値であるから，出力 Q をそのまま利用すればよい．状態遷移表は解表5.1のようになる．Q の組 (Q_2, Q_1, Q_0) で状態を表している．

解表 5.1

現状態	次状態
(Q_2, Q_1, Q_0)	(Q_2', Q_1', Q_0')
(0,0,0)	(0,0,1)
(0,0,1)	(0,1,0)
(0,1,0)	(0,1,1)
(0,1,1)	(1,0,0)
(1,0,0)	(0,0,0)

5.4 前問の遷移表から，次状態 Q_i' を表す式をつくる．考え方は，現状態がこれこれのとき，カウントアップ信号 $CntUp$ がくると，Q_i' が1になるという式をつくる．それは，以下のようになる（カウントアップ信号がくるというところは省略してある）．

$$Q_0' = \overline{Q_0} \cdot \overline{Q_1} \cdot \overline{Q_2} + \overline{Q_0} \cdot Q_1 \cdot \overline{Q_2} = \overline{Q_2} \cdot \overline{Q_0}$$

$$Q_1' = Q_0 \cdot \overline{Q_1} \cdot \overline{Q_2} + \overline{Q_0} \cdot Q_1 \cdot \overline{Q_2} = (Q_0 \oplus Q_1) \cdot \overline{Q_2}$$

$$Q_2' = Q_0 \cdot Q_1 \cdot \overline{Q_2}$$

Dフリップフロップの場合，上記各式の右辺を入力 D に与えれば，フリップフロップの出力は，カウントアップ信号（クロックと考えてほしい）で期待する次状態の値になる．よって，解図5.3の構成図を得る．

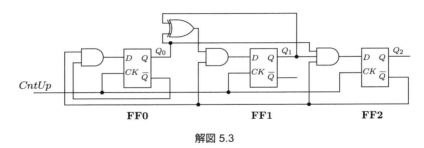

解図 5.3

注意：上記の式を応用方程式という．また，フリップフロップの入力を決める式を入力方程式という．D フリップフロップの入力方程式は，応用方程式の右辺に一致するので，上記のように簡単に構成できる．なお，ほかのフリップフロップで構成する場合は，このように簡単にはいかない．詳しくは，論理回路の教科書を参照してほしい．

5.5 除算アルゴリズム D の状態遷移図は，解図 5.4 のようになる（一例）．

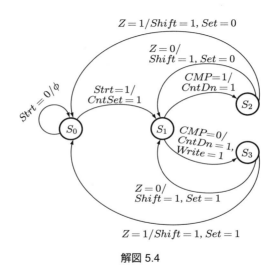

解図 5.4

図において，CMP 信号は，Step 2 の条件式を満たすとき 1，そうでないとき 0 となる．$Write$ 信号は，Step 2 の引き算の結果を書き込む信号である．$Shift$ は左 1 ビットシフト，Set 0/1 は最下位ビットに 0/1 をセットする信号である．

以降は，乗算器の制御回路で示した手順に沿って行えばよい．

第 6 章

6.1 つぎのような方法がある（レジスタは $s0 を使用した）．

(1) `xor $s0, $s0, $s0`
(2) `sub $s0, $s0, $s0`
(3) `andi $s0, $s0, 0`
(4) `slt $s0, $s0, $s0`

このほかにも，`subu` などの命令を使う方法がある．

6.2 つぎの 3 命令でできる（レジスタは $s0 と $s1 を使用した）．
  `xor $s0, $s0, $s1`

```
    xor $s1, $s0, $s1
    xor $s0, $s0, $s1
```
解説：最初のxor命令で$s0と$s1の一致不一致の結果が$s0に入る．一致するビットは0，不一致のビットは1となる．この$s0と$s1の排他的論理和をつくると，$s0⊕$s1=($s0⊕$s1)⊕($s1)=$s0となるから，これを$s1に代入する．この結果，$s1にはもとの$s0の値が入る．これが二つ目のxorである．さらに，$s0と$s1の排他的論理和をつくると，$s0⊕$s1=($s0⊕$s1)⊕($s0)=$s1となり，これを$s0に入れる．この結果，$s0にはもとの$s1の値が入る．これが三つ目のxorである．

6.3 関数内の実行命令数を計算する．

ループ型：L1の直前までで5命令．ループ部分が$6n+2$命令．N1以降が5命令．計$6n+12$命令実行される．

再帰型：sumからL1にいたる経路がn回実行され，$n+1$回目にsumからL1の上のjr $raの命令までが実行され，ついで，L1の2行下のlw $a0, 0($sp)命令から最後のjr $ra命令までが$n$回実行される．よって，$7n+10+5n=12n+10$命令実行される．

ループ型のほうが，効率がよいことがわかる．

6.4 二つの数x, yを符号なし数とみて加算する．加算した結果，（最上位からの）桁上げがなければ，$x+y \geq x, y$であるが，桁上げがあると，$x+y < x, y$である（後者の$x+y$は桁上げの桁を除いた部分である）．したがって，下記のプログラムを得る．
```
    addu $t1, $t3, $t4
    sltu $t2, $t1, $t3
```
2行目は，sltu $t2, $t1, $t4でもよい．

6.5 考え方：上からn枚の円盤を棒Aから棒Cへ，棒Bを作業領域として移動する関数をhanoi(n, A, B, C)とする．そうすると，つぎのように考えればよい．nが1なら円盤を棒Aから棒Cに移動する．そうでなければ，上から$n-1$枚の円盤を棒Aから棒Bに，棒Cを作業領域として移動しておいて，円盤nを棒Aから棒Cへ移動し，$n-1$枚の円盤を棒Bから棒Cへ，棒Aを作業領域として移動する．

(1) プログラムで記述すれば，以下のとおり．
```
    void hanoi(int n, int a, int b, int c) {
        if(n==1) move(n, a, c);
        else {
            hanoi(n-1, a, c, b);
            move(n, a, c);
            hanoi(n-1, b, a, c);
        }
    }
```
ここで，move関数は，たとえば，以下のような関数である．
```
    void move(int n, int a, int b) {
      printf("move %d from %c to %c\n", n, a, b);
    }
```
(2) 以下のようになる．引数は，$a0～$a3に割り当てるものとする．
```
    hanoi:
        addi $sp, $sp, -20       # スタック領域の確保
        sw   $a0, 0($sp)         # 引数レジスタセーブ
        sw   $a1, 4($sp)
        sw   $a2, 8($sp)
        sw   $a3, 12($sp)
```

```
          sw    $ra, 16($sp)
          slti  $t0, $a0, 2        # n<2?
          beq   $t0, $zero, L1     # そうでなければ，L1に分岐
          add   $a2, $a3, $zero    # 引数レジスタ$a2にcをセット
          jal   move               # move(n,a,c)
          lw    $a2, 8($sp)        # 戻り処理．$a2と$raを回復
          lw    $ra, 16($sp)
          addi  $sp, $sp, 20       #スタック領域解放
          jr    $ra
   L1:
          addi  $a0, $a0, -1       # n-1
          lw    $a2, 12($sp)       # 第3引数をcに
          lw    $a3, 8($sp)        # 第4引数をbに
          jal   hanoi              # hanoi(n-1, a, c, b)
          lw    $a0, 0($sp)        # nを回復
          jal   move               # move(n, a, c)
          addi  $a0, $a0, -1       # n-1
          lw    $a1, 8($sp)        # 引数レジスタ$a1にbをセット
          lw    $a2, 4($sp)        # 引数レジスタ$a2にaをセット
          lw    $a3, 12($sp)       # 引数レジスタ$a1にcをセット
          jal   hanoi              # hanoi(n-1, b, a, c)
          lw    $a0, 0($sp)        # 戻り処理．レジスタを回復
          lw    $a1, 4($sp)
          lw    $a2, 8($sp)
          lw    $a3, 12($sp)
          lw    $ra, 16($sp)
          addi  $sp, $sp, 20       # スタック領域解放
          jr    $ra
```

move 関数は省略する．

(3) $2^n - 1$ 回

第7章

7.1 レジスタファイル読出し + ALU + レジスタファイル書込み = 200 + 200 + 200 = 600 ps

7.2 max(レジスタファイル読出し, SE/UE) + ALU + データメモリ書込み = 200 + 200 + 500 = 900 ps

7.3 命令メモリ + MUX1 + レジスタファイル（読）+ MUX2 + ALU + データメモリ + MUX3 + レジスタファイル（書）= 500 + 50 + 200 + 50 + 200 + 500 + 50 + 200 = 1750 ps（PCの出力は確定しているものとする）

7.4 $rs - rt$ の結果が負の数になるのは，(1)結果が正常で，かつ最上位ビットが1のときと，(2)結果がオーバーフローで，かつ最上位ビットが0のときの2通りである．オーバーフロービットを ovf，結果の最上位ビットを s_{msb} とすると，どちらの場合も，$sltbit = ovf \oplus s_{msb}$ が1になるとき，結果が負の数であることがわかる．よって，1ビットALUのなかのマルチプルクサ（MUX）（図3.8）を5入力のものにし，最上位の1ビットALUから $sltbit$ を出力し，その信号を最下位の1ビットALUへフィードバックし，MUXの5番目の入力に加える．ほかのALUのMUXの5番目の入力は0を与える．このように構成すればよい．

7.5 状態1： MUX1 + メモリ + IR = 50 + 500 + 50 = 600 ps

状態2： レジスタファイル + 3ステートバッファ + バス + ALU + バス + TEMP = 200 + 20

$+20+200+20+50=510\,\mathrm{ps}$

状態 3-1：レジスタファイル（読）＋3 ステートバッファ＋バス＋ALU＋バス＋MUX4＋レジスタファイル（書）＝ $200+20+20+200+20+50+200=710\,\mathrm{ps}$

状態 3-2：レジスタファイル（読）＋3 ステートバッファ＋バス＋ALU＋バス＋MUX4＋レジスタファイル（書）＝ $200+20+20+200+20+50+200=710\,\mathrm{ps}$（即値をバスに出力する経路はもっとも時間のかかる経路（以降クリティカルパスという）上にない）

状態 3-3：MUX1＋メモリ＋MUX2＋MDR＝ $50+500+50+50=650\,\mathrm{ps}$

状態 3-4：レジスタファイル＋MUX2＋MDR＝ $200+50+50=300\,\mathrm{ps}$

状態 3-5：レジスタファイル＋3 ステートバッファ＋バス＋ALU＋Flag＝ $200+20+20+200+50=490\,\mathrm{ps}$

状態 3-6：sh2＋3 ステートバッファ＋バス＋ALU＋バス＋PC＝ $50+20+20+200+20+50=360\,\mathrm{ps}$

状態 3-7：レジスタファイル＋3 ステートバッファ＋バス＋ALU＋バス＋PC＝ $200+20+20+200+20+50=510\,\mathrm{ps}$

状態 3-8：sh2＋3 ステートバッファ＋バス＋ALU＋バス＋PC＝ $50+20+20+200+20+50=360\,\mathrm{ps}$（PC の値をレジスタにセーブする経路はクリティカルパスではない）

状態 3-9：レジスタファイル＋3 ステートバッファ＋バス＋ALU＋バス＋PC＝ $200+20+20+200+20+50=510\,\mathrm{ps}$（ほかの経路はクリティカルパスではない）

状態 4-1：3 ステートバッファ＋バス＋ALU＋バス＋MUX4＋レジスタファイル＝ $20+20+200+20+50+200=510\,\mathrm{ps}$

状態 4-2：MUX1＋メモリ＝ $50+500=550\,\mathrm{ps}$

状態 4-3：SE/UE＋sh2＋3 ステートバッファ＋バス＋ALU＋バス＋PC＝ $50+50+20+20+200+20+50=410\,\mathrm{ps}$

クロックサイクル時間は，状態 3-1，3-2 で決まり，710 ps となる．

第 8 章

8.1 全部で I 命令実行されたとする．

バス構成：$(0.8I\times 3+0.2I\times 4)\times T_{CLK}=3.2I\times T_{CLK}$

パイプライン構成：平均 5 命令に 1 回のストールが入るから，20％増しの命令実行となる．よって，$(1.2I-1)\times T_{CLK}+5\times T_{CLK}=(1.2I+4)\times T_{CLK}$

$I\gg 1$ ならば，パイプライン構成がバス構成より $3.2/1.2=2.7$ 倍速い．

8.2 （1）I 命令実行したとき，P1 は，$(I-1)T+5T$ 時間かかり，P2 は $(I-1)T/2+10(T/2)$ 時間かかる．よって，$I\gg 1$ のとき，P2 が P1 の 2 倍速い．

（2）P1 は 2 割増し，P2 は 4 割増しとなるから，実行命令数が非常に多い場合，$1.2T/\{1.4(T/2)\}=1.2/0.7\approx 1.7$．P2 が約 1.7 倍速い．

（3）$1.2T/(1.4\times 0.6T)=1.2/0.84\approx 1.4$．P2 が約 1.4 倍速い．

8.3 （1）`and`, `or`, `add`, `sw` が `sub` にデータ依存．

（2）`add` が `or` にデータ依存．

8.4 `beq` 命令：1 回目から 99 回目の実行までは分岐しない．100 回目の実行で分岐する．このことから，図 8.11 の状態遷移図に沿ってトレースすると，1 回目から 100 回目まで，分岐しないと予測する．よって，99 回当たり，1 回外れる．的中率は 99％．

`bne` 命令：奇数回目の実行では分岐しない．偶数回目の実行では分岐する．上と同様にトレー

すると，01と00の状態を繰り返す．よって，予測は毎回分岐しない，である．的中率は50%．なお，プログラムは，0から99までの偶数の和を求めるものである（効率のよいプログラムではない）．

第9章

9.1 解表9.1のとおり．

解表9.1

	空間的局所性	時間的局所性
プログラム(1)	有	有
プログラム(2)	無	無
プログラム(3)	有	無
プログラム(4)	無	有

(1) 小さな配列であるため，近傍データが常にアクセスされる（空間的局所性あり）．また，自分自身がすぐに繰り返し参照される（時間的局所性あり）．

(2) 非常に大きい配列であり，要素がランダムにアクセスされることから，近傍データが引き続きアクセスされる可能性は少ない（空間的局所性なし）．また，引き続き自分自身が参照される確率も少ない（時間的局所性なし）．

(3) 非常に大きい配列であるが，添え字を連続的に変化させてアクセスするので，近傍データが引き続き参照される（空間的局所性あり）．しかし，自身が参照されるのはしばらくたってからである（時間的局所性なし）．

(4) 非常に大きな配列であり，演算する要素がランダムに決められるので，近傍データが参照されることは少ない（空間的局所性なし）．しかし，自身は引き続き参照される（時間的局所性あり）．

9.2 (1) 図9.5のキャッシュ：1エントリあたり，データが16バイト，タグが2バイト，有効ビット1ビット，書込みビット1ビット合計 $18 \times 8 + 2 = 146$ ビットである．4096エントリあるから，598016ビット $=$ 74752バイトである（73 K バイト）．

(2) 1エントリあたり，データ32ビット，タグ18ビット，有効ビット1ビット，書込みビット1ビット，合計52ビット．これが4組ある．エントリ数は4096であるから，$52 \times 4 \times 4096 = 851968$ ビット $=$ 106496バイト（104 K バイト）．

(1)と(2)を比較すると，データ領域のサイズはどちらも等しいが，タグフィールドの領域が余分に必要なので，(2)のほうがハードウェア量が多くなる．

9.3 (1) ダイレクトマップ方式：すべてがミスする．

セットアソシアティブ方式：最初の0～76まではミスするが，以降はヒットする．

(2) ダイレクトマップ方式：最初の0～52まではミスするが，以降はヒットする．

セットアソシアティブ方式：すべてがミスする．

(3) 上記の例は小さなキャッシュであるが，より規模が大きくて，上記のようなことが起こる可能性がある場合を述べる．

プログラムはいろいろなものが考えられるだろうが，簡単なものでは，(1)の場合は，

```
for( ... ) {
    if(cond1) A1 else B1;
    if(cond2) A2 else B2;
}
```

のようなループで，cond1，cond2がともに成立し，A1，A2のコードサイズおよびB1，B2のコードサイズが同程度となるようなプログラムである．

(2)の場合は，上記と同様で，ifが四つ並ぶようなプログラム．

第10章

10.1 16 KB $= 2^{14}$ B．1エントリ4バイトとすると，$2^{(40-14)} \times 4 = 2^{26} \times 4 = 256$ MB．

10.2 解表10.1のとおり．

解表 10.1

アドレス(10進)	600	4092	8048	2152	11100	21500	6532	17248	8260	13800
アドレス(16進)	258	FFC	1F70	868	2B5C	53FC	1984	4360	2044	35E8
ヒット/ミス	ミス	ヒット	ミス	ヒット	ミス	ミス	ヒット	ミス	ヒット	ミス
置換え	–	–	–	–	–	–	–	r 0	–	r 5

解表において，「置換え」のところで，たとえばr 0とあるのは，0ページが置き換えられることを意味する．

10.3 (1) 下記のとおり．

```
        add   $s3, $zero, $zero
OUTERLOOP:
        slti  $t0, $s3, 128
        beq   $t0, $zero, EXIT
        sll   $t2, $s3, 10
        add   $s2, $zero, $zero
INNERLOOP:
        slti  $t0, $s2, 128
        beq   $t0, $zero, LOOPOUT
        sll   $t0, $s2, 2
        add   $t1, $t0, $t2
        add   $t1, $s0, $t1
        lw    $t0, 0($t1)
        add   $t0, $t0, $s1
        sw    $t0, 0($t1)
        addi  $s2, $s2, 1
        j     INNERLOOP
LOOPOUT:
        addi  $s3, $s3, 1
        j     OUTERLOOP
EXIT: ...
```

(2) プログラムのコード部分は1ページ内に収まる．このページは，TLBに常駐することになろう．配列Aは64 KBのサイズであるから，16ページを要する．このページは1ページから順番にアクセスされる．1ページに配列要素1000個分が入る．配列要素へのアクセスは，(1)のプログラムから1要素あたり2回であり，逐次的にアクセスされる．よって，アクセス2000回につき1回のミスが起こる．したがって，ヒット率は1999/2000 = 0.9995．すなわち，99.95%．

(3) この場合は，1ページ内が512 Bおきに2回アクセスされるので，16回のアクセスにつき1回のミスが発生する．よって，ヒット率は15/16 = 0.9375．すなわち93.75%．

このように，配列アクセスの順番でヒット率は大きく異なるので，プログラムには注意が必要である．ただし，最近のコンパイラは，forループの入れ子の順番を入れ替えるなどの最適化をしてくれるので，さほど気にする必要はないかもしれない．

第 11 章

11.1 解図 11.1 のとおり．この回路は，2 入力 AND ゲートがスイッチの役割をする．当該装置のバスリクエスト信号が 1 のときは AND ゲートの出力は 0 となり，下流にバスグラント信号が伝わらない．0 のときはバスグラント信号が下流に伝えられる．

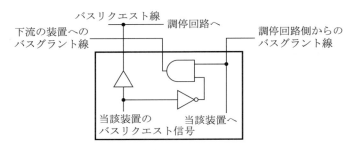

解図 11.1

11.2 1 インチ = 25.4 mm．$25.4 \times 1.2 \times 512 \times 8/1500000 = 0.08323072$ mm．約 83.2 μm．

11.3 平均読出し時間は，平均シーク時間 + 平均回転待ち時間 + 読出し時間 + データ転送時間である．

平均シーク時間は 10 ms，平均回転待ち時間はディスクの 1 回転の時間の 1/2 であるから，$60/7200 \times 1/2 = 1/240 = 4.17$ ms である．また，平均トラック半径のところで，前問のセクター長の読出しを行うとする．そうすると，それに要する時間は，$l/(2\pi r) \times 8.33$ ms = $(83.2 \times 10^{-3})/(2 \times 3.14 \times 1.2 \times 24.5) \times 8.33 = 3.75 \times 10^{-3}$ ms = 3.75 μs．データ転送にかかる時間は，$(512 \times 8)/(480 \times 10^6) = 8.53 \times 10^{-6} = 8.53$ μs．以上から，$10 + 4.17 + 0.00375 + 0.00853 = 14.18$ ms となるが，アクセス時間は，ほとんどシーク時間と回転待ち時間である．

11.4（1）ディスクの故障の確率密度関数は $(1/\tau)e^{-x/\tau}$ である．よって，平均故障時間は
$$\int_0^\infty x \cdot \frac{1}{\tau} e^{-x/\tau}\, dx = \tau$$
となる．

（2）$\Pr\{t_1 < x, t_2 < x\} = \Pr\{t_1 < x\}\Pr\{t_2 < x\} = (1 - e^{-x/\tau})(1 - e^{-x/\tau}) = (1 - e^{-x/\tau})^2$ となる．

（3）（2）の分布関数の確率密度関数は $(2/\tau)(1 - e^{-x/\tau})e^{-x/\tau}$ となる．よって，2 台が故障する平均故障時間は，
$$\int_0^\infty x \cdot \frac{2}{\tau}(1 - e^{-x/\tau})e^{-x/\tau}\, dx = \frac{3}{2}\tau$$
である．

索 引

英数先頭

2 進数　10
2 の補数　12
8b/10 符号化　152
ABC　2
ACK　128
add　57
ALU　22
AND　17
and　58
beq　61
bgez　61
bgtz　61
blez　61
bltz　61
bne　61
div　57
DMA　133
DRAM　34
D フリップフロップ　29
D ラッチ　30
EDSAC　3
EDVAC　3
ENIAC　2
IO 空間　128
I 形式命令　52
j　62
jal　62
jr　62
J 形式命令　52
lb　60
lh　60
LRU　110
lw　60
MARK I　2
mfhi　60
mflo　60
mthi　60
mtlo　60
mult　57
NAND　17
NOR　17
nor　58
NOT　17
OR　17
or　58
PCI バス　132
PC 相対アドレッシング　56
RAID　135
RAM　34
ROM　34
R 形式命令　51
sb　60
sh　60
sll　58
slt　60
sra　58
SRAM　34
srl　58
sub　57
sw　60
TLB　120
USB　154
USB 装置層　155
USB バスインタフェース層　155
XOR　17
xor　58

あ 行

アサート　70, 127
アセンブラ　7
アセンブリ言語　53
アセンブル　7
アドレス　34, 52
アドレス空間　52
アドレス変換　117
アドレス変換バッファ　120
アドレスマッピング　117
アドレッシング　55
アービター　127
一次キャッシュ　104
一貫性　108
インデックス　106
エッジトリガー型　31
演算　48
オーバーフロー　15
オペランド　48, 55
重み　10

か 行

外部記憶装置　133
書込みビット　107
書込み保護違反　121
書込み保護ビット　118
加算器　20
仮想アドレス空間　116
仮想記憶方式　116
仮想ページ番号　117
可変長命令　50
関数実行　64
記憶階層　104
機械語　7, 53
擬似直接アドレッシング　56
擬似命令　56
基数　10
機能層　155
逆アセンブル　7
キャッシュブロック　104
キャッシュメモリ　102
キャッシュライン　104
キャリールックアヘッド　24
局所性　104
空間的局所性　104
組合せ回路　18
クロック　29

174 索引

桁上げ先見方式　24
ゲート回路　18
減算器　22
語　11
構造ハザード　92
固定長命令　50
コンパイル　7
コンピュータアーキテクチャ　50
コンピュータの黎明期　1

さ 行

最下位ビット　11
最上位ビット　11
差動伝送　149
算術演算命令　57
算術論理演算ユニット　22
参照ビット　118
時間的局所性　104
シーク　134
システムコール　124
シフト命令　58
ジャンプ命令　62
周期　30
集積回路　4
出力　41
出力イベント　41
出力事象　41
順序回路　42
乗算器　140
状態　40
状態遷移図　41
状態遷移表　42
シリアルバス　132, 150
シリンダ　134
シングルサイクル構成　75
真理値表　17
垂直型マイクロ命令形式　148
水平型マイクロ命令形式　148
数表　1
スタティック RAM　34
ステージ　87
ストア　51
ストア命令　59
ストライピング　136
ストール　96
スーパーバイザモード　124
スループット　87
制御依存　93
制御ハザード　93
制御メモリ　147
整列配置　59

セクター　134
セットアソシアティブ方式　109
セットアップタイム　32
セレクタ　18
全加算器　21
全二重方式　150
即値オペランド　55
ゾーンビット記憶　135

た 行

ダイ　4
ダイナミック RAM　34
タイミングチャート　31
ダイレクトアドレッシング　55
ダイレクトマップ方式　106
タグ　106
立ち上り　30
立ち下り　30
ダーティビット　118, 120
段　87
弾道計算　1
調停回路　127
デイジーチェーン　129
ディスプレースメントアドレッシング　55
デコーダ　18
データ依存　92
データ移動命令　60
データ転送　128
データハザード　92
データリンク層　151
透過性　104
同期　30
同相雑音　149
動的分岐予測　99
トークン　156
トラック　134
トランザクション　150, 156
トランザクション層　151

な 行

二次キャッシュ　104
入出力装置　126
入力　41
入力イベント　41
入力事象　41
ネガティブエッジトリガー型　31

は 行

ハイインピーダンス　19

排他的論理和　17
バイト　11
バイトアドレス　52
バイトオフセット　106
バイパッシング　95
パイプライン処理　87
パイプラインステージ　87
パイプラインストール　96
パイプラインハザード　92
パイプラインレジスタ　88
ハザード　92
バス　19, 77, 127
バスグラント　127
バススレーブ　127
バスマスタ　127
バスリクエスト　127
ハブ　155
パラレルバス　129
パリティ　137
パリティ分散　137
半加算器　21
ハンドシェイク方式　129
半二重方式　150
比較命令　60
引数　64
ヒット　107
ビット　11
否定　17
フィールド　50
フェーズ　87
フォワーディング　95
フォン・ノイマン　49
符号拡張　13
符号付き数　12
符号なし数　12
布線論理制御方式　147
物理アドレス空間　52, 116
物理層　151
物理ページ番号　117
歩留り　4
プラッター　134
フリップフロップ　29
フルアソシアティブ方式　109
プログラム　6
プログラムカウンタ　69
プログラム内蔵方式　49
プロセス　123
ブロック　104
ブロックインデックス　106
ブロック内オフセット　106
分岐ハザード　94
分岐命令　61
分岐予測　99
分岐履歴テーブル　100

平均シーク時間　134
ページ　116
ページ内オフセット　117
ページ表　116
ページフォールト　117
ベースアドレッシング　55
ベースレジスタ　60
ポジティブエッジトリガー型　31
ポーリング　129
ホールドタイム　32

ま 行

マイクロプログラム制御方式　147
マイクロ命令　147
マスタースレーブ型　30
マルチサイクル構成　77
マルチプレクサ　18
ミス　107
ミスペナルティ　107
ミス率　107
ミラーリング　136
命令　48

命令形式　50
命令実行回路(I形式命令)　71
命令実行回路(J形式命令)　73
命令実行回路(R形式命令)　70
命令セット　49
メモリアクセス　34
メモリセル　34
メモリマップドIO方式　128

や 行

有限状態機械　78
有効ビット　107, 118
ユーザモード　124
読出し専用メモリ　34

ら 行

ライトスルー方式　108
ライトバック方式　108
ライトバッファ　108
ラッチ　30

ランダムアクセスメモリ　34
リップルキャリー型加算器　22
リフレッシュ　37
例外　81
レジスタ　32
レジスタオペランド　55
レジスタファイル　32
レジスタ名　53
ロード　51
ロードストアアーキテクチャ　51
ロード命令　59
論理アドレス空間　52
論理演算　17
論理演算命令　58
論理回路　18
論理積　17
論理積否定　17
論理和　17
論理和否定　17

わ 行

割込み　81, 131

著者略歴

成瀬　正（なるせ・ただし）
- 1975 年　信州大学工学部電気工学科 卒業
- 1977 年　名古屋大学大学院工学研究科情報工学専攻 修了
- 1977 年　日本電信電話公社（現 NTT）武蔵野電気通信研究所 入所
- 1992 年　工学博士（名古屋大学）
- 1996 年　愛知県立大学教授
- 1998 年　愛知県立大学情報科学部教授
- 2017 年　愛知県立大学名誉教授
  　　　　現在に至る

研究分野
　　コンピュータアーキテクチャ，自律分散システム，行動知能システム

編集担当　藤原祐介(森北出版)
編集責任　富井　晃(森北出版)
組　版　　アベリー／プレイン
印　刷　　ディグ
製　本　　同

情報工学レクチャーシリーズ
コンピュータアーキテクチャ　　　　　　　Ⓒ 成瀬 正 2016

2016 年 11 月 30 日　第 1 版第 1 刷発行　　【本書の無断転載を禁ず】
2024 年 2 月 10 日　第 1 版第 7 刷発行

著　者　成瀬　正
発行者　森北博巳
発行所　森北出版株式会社
　　　　東京都千代田区富士見 1-4-11（〒102-0071）
　　　　電話 03-3265-8341／FAX 03-3264-8709
　　　　https://www.morikita.co.jp/
　　　　日本書籍出版協会・自然科学書協会　会員
　　　　JCOPY ＜(一社)出版者著作権管理機構　委託出版物＞

落丁・乱丁本はお取替えいたします．

Printed in Japan ／ ISBN978-4-627-81091-4